U0133862

2010 AutoCAD 中文版

机械制图基础教程

 老虎工作室

姜勇　郭英文　编著

人民邮电出版社

北京

图书在版编目（CIP）数据

AutoCAD 2010中文版机械制图基础教程 / 姜勇，郭
英文编著. -- 北京：人民邮电出版社，2010.7
 ISBN 978-7-115-22768-3

Ⅰ．①A… Ⅱ．①姜… ②郭… Ⅲ．①机械制图：计算
机制图—应用软件，AutoCAD—教材 Ⅳ．①TH126

中国版本图书馆CIP数据核字（2010）第080598号

内 容 提 要

本书结合实例讲解 AutoCAD 基础知识及应用知识，重点培养读者的 AutoCAD 绘图技能，提高解决实际问题的能力。

全书共 16 章，主要内容包括 AutoCAD 绘图环境及基本操作，创建及设置图层，绘制二维基本对象，编辑图形，用 AutoCAD 绘制复杂平面图形的方法和技巧，参数化绘图方法及技巧，书写文字及标注尺寸，创建表格对象，绘制典型零件图及装配图的方法和技巧，创建三维实体模型及 AutoCAD 证书考试练习题等。

本书颇具特色之处是将典型习题的绘制过程录制成了动画，并配有全程语音讲解，收录在本书所附光盘中，可作为读者学习时的参考和向导。

本书内容系统、层次清晰、实用性强，可供各类 AutoCAD 绘图培训班作为教材使用，也可作为工程技术人员、高校学生及计算机爱好者的自学用书。

AutoCAD 2010 中文版机械制图基础教程

◆ 编　著　老虎工作室　姜　勇　郭英文
　　责任编辑　李永涛

◆ 人民邮电出版社出版发行　　北京市崇文区夕照寺街 14 号
　　邮编　100061　电子函件　315@ptpress.com.cn
　　网址　http://www.ptpress.com.cn
　　三河市潮河印业有限公司印刷

◆ 开本：787×1092　1/16
　　印张：20
　　字数：488 千字　　　　　　　　2010 年 7 月第 1 版
　　印数：1- 5 000 册　　　　　　2010 年 7 月河北第 1 次印刷

ISBN 978-7-115-22768-3

定价：39.00 元（附光盘）

读者服务热线：**(010)67132692**　印装质量热线：**(010)67129223**
反盗版热线：**(010)67171154**

计算机技术的进步，使得计算机辅助设计及绘图技术得到了前所未有的发展。美国 Autodesk 公司研制开发的 AutoCAD 是 CAD 领域中的基础性应用软件，它具有丰富的绘图功能及简便易学的优点，因而受到广大工程技术人员的普遍欢迎。目前，AutoCAD 已广泛应用于机械、电子、建筑、服装和船舶等工程设计领域，极大地提高了设计人员的工作效率。

内容和特点

本书是基于"如何使用 AutoCAD 进行机械设计"这一核心编写的，讲解时采用理论与实践紧密结合的形式，每介绍完一项或几项功能，即围绕它们安排相应练习，使读者可以边学边练，在实践中掌握软件的使用方法。

书中理论知识约占 30%，其余 70%左右属于上机实践内容。实践内容包括平面绘图练习、绘图技巧练习、零件图练习、装配图练习和三维建模练习等。读者在学习完本书后，既能较全面地了解 AutoCAD 的绘图功能，又能掌握利用 AutoCAD 进行机械设计的方法及实用技巧，增强解决实际问题的能力。

全书分为 16 章，主要内容介绍如下。

- 第 1 章：介绍 AutoCAD 用户界面及一些基本操作。
- 第 2 章：介绍线段、平行线、圆及圆弧连接的绘制方法。
- 第 3 章：介绍绘制多边形、椭圆及填充剖面图案的方法。
- 第 4 章：介绍绘制多段线、多线、点对象及面域的方法。
- 第 5 章：通过实例说明绘制复杂图形的方法及技巧。
- 第 6 章：介绍参数化绘图基本功能及方法。
- 第 7 章：介绍如何书写文字及创建表格对象。
- 第 8 章：介绍尺寸标注的基本功能及标注零件图的方法。
- 第 9 章：介绍如何查询图形信息及图块、外部参照和设计中心等的用法。
- 第 10 章：通过实例说明绘制零件图的方法和技巧。
- 第 11 章：通过实例说明绘制二维装配图及拆画零件图的方法。
- 第 12 章：通过实例介绍如何绘制轴测图。
- 第 13 章：介绍怎样输出图形。
- 第 14 章：介绍观察三维模型及创建基本三维立体的方法。
- 第 15 章：介绍编辑三维模型的方法。
- 第 16 章：提供 AutoCAD 证书考试练习题。

读者对象

本书将 AutoCAD 的基本命令与典型零件的设计实例相结合，条理清晰，讲解透彻，易于掌握，可供各类机械制图培训班作为教材使用，也可供广大工程技术人员及高校学生自学参考。

附盘内容及用法

本书所附光盘内容分为两部分。

1. ".dwg" 图形文件

本书所有练习用到的及典型实例完成后的".dwg"图形文件都收录在附盘的"dwg\第×章"文件夹下，读者朋友可以调用和参考这些文件。

2. ".avi" 动画文件

本书典型习题的绘制过程都录制成了".avi"动画文件，并收录在附盘的"avi\第×章"文件夹下。

".avi"是最常用的动画文件格式，读者朋友用 Windows 系统提供的"Windows Media Player"就可以播放".avi"动画文件。选择【开始】/【所有程序】/【附件】/【娱乐】/【Windows Media Player】选项即可启动"Windows Media Player"。一般情况下，读者朋友只要双击某个动画文件即可观看。

3. PPT 文件

本书提供了 PPT 课件，以供教师上课使用。

注意：播放文件前要安装配套光盘根目录下的"tscc.exe"插件。

感谢您选择了本书，也请您把对本书的意见和建议告诉我们。

老虎工作室网站 http://www.laohu.net，电子函件 postmaster@laohu.net。

老虎工作室

2010 年 5 月

目　录

第 13 章 打印图形 244

第 14 章 三维建模 254

第1章 AutoCAD 绘图环境及基本操作

【学习目标】

- 了解 AutoCAD 用户界面的组成。
- 掌握调用 AutoCAD 命令的方法。
- 掌握选择对象的常用方法。
- 掌握快速缩放、移动图形及全部缩放图形的方法。
- 掌握重复命令和取消已执行操作的方法。
- 掌握图层、线型及线宽等的设置方法。

1.1 了解用户界面及学习基本操作

本节介绍 AutoCAD 用户界面的组成，并介绍一些常用的基本操作。

1.1.1 AutoCAD 用户界面

启动 AutoCAD 2010 后，其用户界面如图 1-1 所示，主要由快速访问工具栏、功能区、绘图窗口、命令提示窗口和状态栏等部分组成。下面将通过操作练习来熟悉 AutoCAD 用户界面。

图1-1　AutoCAD 用户界面

【练习1-1】：　熟悉 AutoCAD 用户界面。

1. 单击程序窗口左上角的⬛图标，弹出下拉菜单，该菜单包含【新建】、【打开】及【保存】等常用选项。单击⬛按钮，显示已打开的图形文件列表；单击⬛按钮，显示最近使用的图形文件列表。单击文件列表上部的⬛▾按钮，选择【大图标】选项，则显示文件缩略图。将鼠标光标悬停在缩略图上，将显示大缩略图及文件路径、修改日期等信息。

2. 单击【快速访问】工具栏上的▾按钮，选择【显示菜单栏】选项，显示 AutoCAD 主菜单。选择菜单命令【工具】/【选项板】/【功能区】，关闭【功能区】。

3. 再次选择菜单命令【工具】/【选项板】/【功能区】，则又打开【功能区】。

4. 单击【功能区】中【常用】选项卡【绘图】面板上的▾按钮，展开该面板，再单击⬛按钮，固定面板。

5. 选择菜单命令【工具】/【工具栏】/【AutoCAD】/【绘图】，打开【绘图】工具栏，如图 1-2 所示，用户可移动工具栏或改变工具栏的形状。将鼠标光标移动到工具栏边缘处，按住鼠标左键并移动鼠标，工具栏就随鼠标光标移动。将鼠标光标放置在拖出的工具栏的边缘，当鼠标光标变成双向箭头时，按住鼠标左键并移动鼠标，工具栏形状就发生变化。

绘图工具栏

图1-2　打开【绘图】工具栏

6. 在任一选项卡标签上单击鼠标右键，弹出快捷菜单，选择【显示选项卡】/【注释】选项，关闭【注释】选项卡。

7. 单击功能区中的【参数化】选项卡，展开【参数化】选项卡。在该选项卡的任一面板上单击鼠标右键，弹出快捷菜单，选择【面板】/【管理】选项，关闭【管理】面板。

8. 单击功能区顶部的⬛按钮，收拢功能区，仅显示选项卡及面板的文字标签，再次单击该按钮，面板的文字标签消失，继续单击该按钮，展开功能区。

9. 在任一选项卡标签上单击鼠标右键，选择【浮动】选项，则功能区位置变为可动。将鼠标光标放在功能区的标题栏上，按住鼠标左键拖动鼠标，改变功能区的位置。

10. 绘图窗口是用户绘图的工作区域，该区域无限大，其左下方有一个表示坐标系的图标，图标中的箭头分别表示 x 轴和 y 轴的正方向。在绘图区域中移动鼠标光标，状态栏上将显示光标点的坐标参数，单击该坐标区可改变坐标的显示方式。

11. AutoCAD 提供了两种绘图环境，即模型空间及图纸空间。单击绘图窗口下部的 布局1

按钮，切换到图纸空间；单击 模型 按钮，切换到模型空间。默认情况下，AutoCAD 的绘图环境是模型空间，用户在这里按实际尺寸绘制二维或三维图形。图纸空间提供了一张虚拟图纸（与手工绘图时的图纸类似），用户可在这张图纸上将模型空间的图样按不同缩放比例布置在图纸上。

12. AutoCAD 绘图环境的组成一般称为工作空间，单击状态栏上的 ⚙ 图标，弹出快捷菜单，该菜单中的【二维草图与注释】选项被选中，表明现在处于 "二维草图与注释" 工作空间。选择该菜单上的【AutoCAD 经典】选项，切换至以前版本的默认工作空间。

13. 命令提示窗口位于 AutoCAD 程序窗口的底部，用户输入的命令、系统的提示信息等都反映在此窗口中。将鼠标光标放在窗口的上边缘，鼠标光标变成双向箭头，按住鼠标左键向上拖动鼠标光标就可以增加命令窗口显示的行数。按 F2 键将打开命令提示窗口，再次按 F2 键可关闭此窗口。

1.1.2　用 AutoCAD 绘图的基本过程

下面通过一个练习来演示用 AutoCAD 绘制图形的基本过程。

1. 启动 AutoCAD 2010。

2. 单击 图标，选择【新建】/【图形】选项(或单击【快速访问】工具栏上的 按钮创建新图形)，打开【选择样板】对话框，如图 1-3 所示。该对话框中列出了许多用于创建新图形的样板文件，默认的样板文件是 "acadiso.dwt"。单击 打开(0) 按钮，开始绘制新图形。

图1-3　【选择样板】对话框

3. 按下状态栏上的 ⊿、▢ 及 ∠ 按钮。注意，不要按下 ⊕ 按钮。

4. 单击【常用】选项卡中【绘图】面板上的 ∕ 按钮，AutoCAD 提示如下。

```
命令: _line 指定第一点:          //单击 A 点，如图 1-4 所示
指定下一点或 [放弃(U)]: 400       //向右水平移动鼠标光标，输入线段长度并按 Enter 键
指定下一点或 [放弃(U)]: 600       //向上垂直移动鼠标光标，输入线段长度并按 Enter 键
指定下一点或 [闭合(C)/放弃(U)]: 500//向右水平移动鼠标光标，输入线段长度并按
Enter 键
指定下一点或 [闭合(C)/放弃(U)]: 800//向下垂直移动鼠标光标，输入线段长度并按 Enter 键
```

指定下一点或 [闭合(C)/放弃(U)]:　　　　//按 Enter 键结束命令

　　结果如图 1-4 所示。

5. 按 Enter 键重复画线命令，绘制线段 *BC*，如图 1-5 所示。

图1-4　绘制线段　　　　　　　　　　图1-5　绘制线段 *BC*

6. 单击【快速访问】工具栏上的 ↺ 按钮，线段 *BC* 消失，再次单击该按钮，连续折线也消失。单击 ↻ 按钮，连续折线显示出来，继续单击该按钮，线段 *BC* 也显示出来。

7. 输入画圆命令全称 CIRCLE 或简称 C，AutoCAD 提示如下。

　　命令: CIRCLE　　　　　　　　　　　　　　　　//输入命令，按 Enter 键确认

　　指定圆的圆心或 [三点(3P)/两点(2P)/相切、相切、半径(T)]:

　　　　　　　　　　　　　　　　　　　　//单击 *D* 点，指定圆心，如图 1-6 所示

　　指定圆的半径或 [直径(D)]: 100　　　　//输入圆半径，按 Enter 键确认

　　结果如图 1-6 所示。

8. 单击【常用】选项卡中【绘图】面板上的 ⊘ 按钮，AutoCAD 提示如下。

　　命令: _circle 指定圆的圆心或 [三点(3P)/两点(2P)/相切、相切、半径(T)]:

//将鼠标光标移动到端点 *E* 处，AutoCAD 自动捕捉该点，再单击鼠标左键确认，如图 1-7 所示

　　指定圆的半径或 [直径(D)] <100.0000>: 160　　　　//输入圆半径，按 Enter 键

　　结果如图 1-7 所示。

图1-6　绘制圆（1）　　　　　　　　　　图1-7　绘制圆（2）

9. 单击状态栏上的 ✋ 按钮，鼠标光标变成手的形状 ✋，按住鼠标左键向右拖动鼠标光标，直至图形不可见为止，按 Esc 键或 Enter 键退出。

10. 单击【视图】选项卡中【导航】面板上的 ⊕范围 按钮，图形又全部显示在窗口中，如图 1-8 所示。

11. 单击程序窗口下边的 🔍 按钮，按 Enter 键，鼠标光标变成放大镜形状 🔍，此时按住鼠标

左键向下拖动鼠标光标，图形缩小，如图 1-9 所示，按 $\boxed{Esc}$ 键或 $\boxed{Enter}$ 键退出，也可单击鼠标右键，在弹出的快捷菜单中选择【退出】选项，该菜单上的【范围缩放】选项可使图形充满整个图形窗口显示。

图1-8　全部显示图形

图1-9　缩小图形

12. 单击鼠标右键，选择【平移】选项，再单击鼠标右键，选择【窗口缩放】选项。按住鼠标左键并拖动鼠标光标，使矩形框包含图形的一部分，松开鼠标左键，矩形框内的图形被放大。继续单击鼠标右键，选择【缩放为原窗口】选项，则又返回原来的显示。

13. 单击【常用】选项卡中【修改】面板上的 ✍ 按钮（删除对象），AutoCAD 提示如下。

　　命令: _erase

　　选择对象:　　　　　　　//单击 A 点，如图 1-10 左图所示

　　指定对角点: 找到 1 个　//向右下方拖动鼠标光标，出现一个实线矩形窗口

　　　　　　　　　　　　　　//在 B 点处单击，矩形窗口内的圆被选中，被选中对象变为虚线

　　选择对象:　　　　　　　//按 $\boxed{Enter}$ 键删除圆

　　命令:ERASE　　　　　　　//按 $\boxed{Enter}$ 键重复命令

　　选择对象:　　　　　　　//单击 C 点

　　指定对角点: 找到 4 个　//向左下方拖动鼠标光标，出现一个虚线矩形窗口

　　　　　　　　　　　　　　//在 D 点处单击，矩形窗口内及与该窗口相交的所有对象都被选中

　　选择对象:　　　　　　　//按 $\boxed{Enter}$ 键删除圆和线段

结果如图 1-10 右图所示。

图1-10　删除对象

14. 单击 ▲ 图标，选择【另存为】选项（或单击【快速访问】工具栏上的 💾 按钮），弹出【图形另存为】对话框，在该对话框的【文件名】文本框中输入新文件名。该文件默认类型为 "dwg"，若想更改文件存储的类型，可在【文件类型】下拉列表中选择其他类型。

1.1.3　调用命令

启动 AutoCAD 命令的方法一般有两种，一种是在命令行中输入命令全称或简称，另一种是用鼠标选择一个菜单命令或单击工具栏中的命令按钮。

AutoCAD 的命令执行过程是交互式的，当输入命令或必要的绘图参数后，需按 Enter 键或空格键确认，系统才执行该命令。一个典型的命令执行过程如下。

命令: circle　　　　　　　　//输入画圆命令全称 CIRCLE 或简称 C，按 Enter 键
指定圆的圆心或 [三点(3P)/两点(2P)/相切、相切、半径(T)]:　　90,100
　　　　　　　　　　　　　　//输入圆心的 x、y 坐标，按 Enter 键
指定圆的半径或 [直径(D)] <50.7720>: 70　　//输入圆半径，按 Enter 键

（1）方括号"[ ]"中以"/"隔开的内容表示各个选项。若要选择某个选项，则需输入圆括号中的字母，可以是大写形式，也可以是小写形式。例如，想通过三点画圆，就输入"3P"。

（2）尖括号"<>"中的内容是当前默认值。

> **要点提示**　当使用某一命令时按 F1 键，AutoCAD 将显示该命令的帮助信息。也可将鼠标光标在命令按钮上放置片刻，则 AutoCAD 在按钮附近显示该命令的简要提示信息。

1.1.4　鼠标操作

用 AutoCAD 绘图时，鼠标的使用是很频繁的，各按键功能如下。

• 左键: 拾取键，用于单击命令按钮及选取菜单选项以发出命令，也可在绘图过程中指定点和选择图形对象等。

• 右键: 一般作为回车键，有确认及重复命令的功能。无论是否启动命令，单击鼠标右键将弹出快捷菜单，该菜单上提供有【确认】、【取消】及【重复】等选项。这些选项与鼠标光标位置及 AutoCAD 的当前状态有关。例如，将鼠标光标放在作图区域、工具栏或功能区内单击鼠标右键，弹出的快捷菜单是不一样的。

• 滚轮: 向前转动滚轮，放大图形；向后转动滚轮，缩小图形。缩放基点为十字光标点，默认情况下，缩放增量为 10%。按住滚轮并拖动鼠标光标，则平移图形；双击滚轮，全部缩放图形。

1.1.5　选择对象的常用方法

用户在使用编辑命令时，选择的多个对象将构成一个选择集，系统提供了多种构造选择集的方法。默认情况下，用户可以逐个地拾取对象或是利用矩形窗口、交叉窗口一次选取多个对象。

一、　用矩形窗口选择对象

当系统提示选择要编辑的对象时，用户在图形元素的左上角或左下角单击一点，然后向右拖动鼠标光标，AutoCAD 显示一个实线矩形窗口，让此窗口完全包含要编辑的图形实体，再单击一点，则矩形窗口中所有对象（不包括与矩形边相交的对象）被选中，被选中的对象将以虚线形式表示出来。

下面通过 ERASE 命令来演示这种选择方法。

【练习1-2】：　用矩形窗口选择对象。

打开附盘文件 "dwg\第 1 章\1-2.dwg"，如图 1-11 左图所示。使用 ERASE 命令将左图修改为右图。

命令: _erase	
选择对象：	//在 A 点处单击，如图 1-11 左图所示
指定对角点：找到 9 个	//在 B 点处单击
选择对象：	//按 Enter 键结束

结果如图 1-11 右图所示。

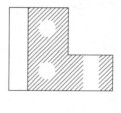

图1-11　用矩形窗口选择对象

二、　用交叉窗口选择对象

当 AutoCAD 提示"选择对象"时，在要编辑的图形元素右上角或右下角单击一点，然后向左拖动鼠标光标，此时出现一个虚线矩形框，使该矩形框包含被编辑对象的一部分，而让其余部分与矩形框边相交，再单击一点，则框内的对象和与框边相交的对象全部被选中。

下面通过 ERASE 命令来演示这种选择方法。

【练习1-3】：　用交叉窗口选择对象。

打开附盘文件 "dwg\第 1 章\1-3.dwg"，如图 1-12 左图所示。使用 ERASE 命令将左图修改为右图。

命令: _erase	
选择对象：	//在 C 点处单击，如图 1-12 左图所示
指定对角点：找到 14 个	//在 D 点处单击
选择对象：	//按 Enter 键结束

结果如图 1-12 右图所示。

图1-12　用交叉窗口选择对象

三、　给选择集添加或去除对象

编辑过程中，用户构造选择集常常不能一次完成，需向选择集中添加或从选择集中删除对象。在添加对象时，可直接选取或利用矩形窗口、交叉窗口选择要加入的图形元素；若要删除对象，可先按住 Shift 键，再从选择集中选择要清除的多个图形元素。

下面通过 ERASE 命令来演示修改选择集的方法。

【练习1-4】：　修改选择集。

打开附盘文件"dwg\第 1 章\1-4.dwg"，如图 1-13 左图所示。使用 ERASE 命令将左图修改为右图。

```
命令: _erase
选择对象:                        //在 C 点处单击，如图 1-13 左图所示
指定对角点: 找到 8 个            //在 D 点处单击
选择对象: 找到 1 个，删除 1 个，总计 7 个
                                //按住 Shift 键，选取矩形 A，该矩形从选择集中去除
选择对象:找到 1 个，总计 8 个    //松开 Shift 键，选择圆 B
选择对象:                        //按 Enter 键结束
```

结果如图 1-13 右图所示。

图1-13　修改选择集

1.1.6　删除对象

ERASE 命令用来删除图形对象，该命令没有任何选项。要删除一个对象，用户可以用鼠标光标先选择该对象，然后单击【修改】面板上的 ✍ 按钮，或输入命令 ERASE（命令简称 E）。也可先执行删除命令，再选择要删除的对象。

1.1.7　撤销和重复命令

执行某个命令后，用户可随时按 Esc 键终止该命令，此时系统又返回到命令行。

用户经常遇到的一个情况是在图形区域内偶然选择了图形对象，该对象上出现了一些高亮的小框，这些小框被称为关键点，可用于编辑对象（在第 3 章中将详细介绍），要取消这些关键点，按 Esc 键即可。

在绘图过程中，用户会经常重复使用某个命令，重复刚使用过的命令的方法是直接按 Enter 键。

1.1.8　取消已执行的操作

用 AutoCAD 绘图时，难免会出现各种各样的错误。要修正这些错误，可使用 UNDO 命令或单击【快速访问】工具栏上的 ↰ 按钮。如果想要取消前面执行的多个操作，可反复使用 UNDO 命令或反复单击 ↰ 按钮。

当取消一个或多个操作后，又想恢复原来的效果，可使用 MREDO 命令或单击【快速访问】工具栏上的 按钮。

1.1.9　快速缩放及移动图形

AutoCAD 的图形缩放及移动功能是很完备的，使用起来也很方便。绘图时，经常通过状态栏上的 、 按钮来完成这两项功能。此外，不论 AutoCAD 命令是否运行，单击右键，弹出快捷菜单，该菜单上的【缩放】及【平移】选项也能实现同样功能。

【练习1-5】：　观察图形的方法。

1. 打开附盘文件 "dwg\第 1 章\1-5.dwg"，如图 1-14 所示。

图1-14　观察图形

2. 将鼠标光标移动到要缩放的区域，向前转动滚轮放大图形，向后转动滚轮缩小图形。

3. 按住滚轮，鼠标光标变成手的形状，拖动鼠标光标，则平移图形。

4. 双击鼠标滚轮，全部缩放图形。

5. 单击状态栏上的 按钮，在主视图左上角的空白处单击，向右下角移动鼠标光标，出现矩形框，再单击一点，AutoCAD 把矩形内的图形放大以充满整个图形窗口。

6. 单击状态栏上的 按钮，AutoCAD 进入实时平移状态，鼠标光标变成手的形状，此时按住鼠标左键并拖动鼠标光标，就可以平移视图。单击鼠标右键，弹出快捷菜单，然后选择【退出】选项。

7. 单击鼠标右键，选择【缩放】选项，进入实时缩放状态，鼠标光标变成放大镜形状，此时按住鼠标左键向上拖动鼠标光标，放大零件图；向下拖动鼠标光标，缩小零件图。单击鼠标右键，然后选择【退出】选项。

8. 单击鼠标右键，选择【平移】选项，切换到实时平移状态，平移图形，按 Esc 键或 Enter 键退出。

9. 单击状态栏上的 按钮，再单击鼠标右键，选择【上一个(P)】选项，返回上一次的显示。

10. 不要关闭文件，下一节将继续练习。

1.1.10 窗口放大图形、全部显示图形及返回上一次的显示

在绘图过程中，用户经常要将图形的局部区域放大以方便绘图。绘制完成后，又要返回上一次的显示或是将图形全部显示在程序窗口中以观察绘图效果。利用右键快捷菜单的相关选项及【视图】选项卡中【导航】面板上的 、 及 按钮可实现这 3 项功能。

继续前面的练习。

1. 单击鼠标右键，选择【缩放】选项。再次单击鼠标右键，选择【窗口缩放】选项，在要放大的区域拖出一个矩形窗口，则该矩形内的图形被放大至充满整个程序窗口。

2. 单击鼠标右键，选择【范围缩放】选项，则全部图形充满整个程序窗口显示出来（双击鼠标滚轮也可实现这一目标）。

3. 单击鼠标右键，选择【退出】选项。

4. 按住滚轮，拖动鼠标光标，平移图形。

5. 单击状态栏上的 按钮，再单击鼠标右键，选择【上一个(P)】选项，返回上一次的显示。

6. 单击【导航】面板上的 按钮，指定矩形窗口的第一个角点，再指定另一角点，系统将尽可能地把矩形内的图形放大以充满整个程序窗口。

7. 单击【导航】面板上的 按钮，或者选择菜单命令【视图】/【缩放】/【范围】，则全部图形充满整个程序窗口显示出来。

8. 单击【导航】面板上的 按钮，返回上一次的显示。

1.1.11 设定绘图区域大小

AutoCAD 的绘图空间是无限大的，用户可以设定程序窗口中显示出的绘图区域的大小。作图时，事先对绘图区大小进行设定将有助于用户了解图形分布的范围。当然，用户也可在绘图过程中随时缩放（使用 工具）图形以控制其在屏幕上的显示范围。

设定绘图区域大小有以下两种方法。

- 将一个圆充满整个程序窗口显示出来，依据圆的尺寸就能轻易地估计出当前绘图区的大小。

【练习1-6】： 设定绘图区域大小。

1. 单击【绘图】面板上的 按钮，AutoCAD 提示如下。

   命令: _circle 指定圆的圆心或 [三点(3P)/两点(2P)/相切、相切、半径(T)]:
   //在屏幕的适当位置单击一点

   指定圆半的径或 [直径(D)]: 50　　　　　　//输入圆半径

2. 选择菜单命令【视图】/【缩放】/【范围】，直径为 100 的圆就充满了整个程序窗口，如图 1-15 所示。

图1-15　设定绘图区域大小

- 用 LIMITS 命令设定绘图区域大小，该命令可以改变栅格的长宽尺寸及位置。所谓栅格是点在矩形区域中按行、列形式分布形成的图案，如图 1-16 所示。当栅格在程序窗口中显示出来后，用户就可根据栅格分布的范围估算出当前绘图区的大小。

【练习1-7】：　使用 LIMITS 命令设定绘图区大小。

1. 选择菜单命令【格式】/【图形界限】，AutoCAD 提示如下。

  命令：'_limits

  指定左下角点或 [开(ON)/关(OFF)] <0.0000,0.0000>:100,80

  　　　　//输入 A 点的 x、y 坐标值，或任意空白位置单击一点，如图 1-16 所示

  指定右上角点 <420.0000,297.0000>: @150,200

  　　　　//输入 B 点相对于 A 点的坐标，按 Enter 键（在 2.1.1 节中将介绍相对坐标）

2. 将鼠标光标移动到程序窗口下方的 ▦ 按钮上，单击鼠标右键，选择【设置】选项，打开【草图设置】对话框，取消对【显示超出界线的栅格】复选项的选择。

3. 关闭【草图设置】对话框，单击 ▦ 按钮，打开栅格显示，双击鼠标滚轮，或选择菜单命令【视图】/【缩放】/【范围】，使矩形栅格充满整个程序窗口。

4. 选择菜单命令【视图】/【缩放】/【实时】，按住鼠标左键向下拖动鼠标光标使矩形栅格缩小，如图 1-16 所示。该栅格的长宽尺寸是"150×200"，且左下角点的 x、y 坐标为（100,80）。

图1-16　设定绘图区域大小

1.1.12 预览打开的文件及在文件间切换

AutoCAD 是一个多文档环境，用户可同时打开多个图形文件。要预览打开的文件及在文件间切换，可采用以下方法。

- 单击程序窗口底部的 按钮，显示出所有打开文件的预览图，如图 1-17 所示。已打开 3 个文件，预览图显示了 3 个文件中的图形，单击某一预览图，就切换到该图形。
- 单击 按钮展开菜单浏览器，单击浏览器上部的 按钮，列出所有已打开的图形文件。再单击 按钮，选择"大图标"选项，则显示所有打开文件的预览图。选择其中之一，就切换到该图形。

图1-17　预览文件及在文件间切换

打开多个图形文件后，可利用【窗口】菜单（单击【快速访问】工具栏上的 按钮打开主菜单）控制多个文件的显示方式。例如，可将它们以层叠、水平或竖直排列等形式布置在主窗口中。

多文档设计环境具有 Windows 窗口的剪切、复制和粘贴等功能，因而可以快捷地在各个图形文件间复制、移动对象。如果考虑到复制的对象需要在其他的图形中准确定位，则还可在复制对象的同时指定基准点，这样在执行粘贴操作时就可根据基准点将图元复制到准确的位置。

1.1.13 在当前文件的模型空间及图纸空间切换

AutoCAD 提供了两种绘图环境，即模型空间和图纸空间。默认情况下，AutoCAD 的绘图环境是模型空间。打开图形文件后，程序窗口中仅显示出模型空间中的图形。单击状态栏上的 按钮，出现【模型】、【布局 1】及【布局 2】3 个预览图，如图 1-18 所示。它们分别代表模型空间中的图形、"图纸 1"上的图形、"图纸 2"上的图形。单击其中之一，就切换到相应图形。

图1-18 显示模型空间及图纸空间的预览图

1.1.14 上机练习——布置用户界面及设定绘图区域大小

【练习1-8】： 布置用户界面，练习 AutoCAD 基本操作。

1. 启动 AutoCAD，打开【绘图】及【修改】工具栏并调整工具栏的位置，如图 1-19 所示。
2. 在功能区的选项卡上单击鼠标右键，选择【浮动】选项，调整功能区的位置，如图 1-19 所示。

图1-19 布置用户界面

3. 单击状态栏上的 按钮，选择【二维草图与注释】选项。
4. 利用 AutoCAD 提供的样板文件 "Acad.dwt" 创建新文件。
5. 设定绘图区域的大小为 1500×1200，打开栅格显示，单击鼠标右键，选择【缩放】选项。再次单击鼠标右键，选择【范围缩放】选项，使栅格充满整个图形窗口。

6. 单击【绘图】工具栏上的 ⊘ 按钮，AutoCAD 提示如下。

    命令：_circle 指定圆的圆心或 [三点(3P)/两点(2P)/相切、相切、半径(T)]：

                                          //在屏幕空白处单击一点

    指定圆的半径或 [直径(D)] <30.0000>：1   //输入圆半径

    命令：   //按 Enter 键重复上一个命令

    CIRCLE 指定圆的圆心或 [三点(3P)/两点(2P)/相切、相切、半径(T)]：

                                          //在屏幕上单击一点

    指定圆的半径或 [直径(D)] <1.0000>：5   //输入圆半径

    命令：   //按 Enter 键重复上一个命令

    CIRCLE 指定圆的圆心或 [三点(3P)/两点(2P)/相切、相切、半径(T)]：*取消*

                                          //按 Esc 键取消命令

7. 单击【视图】选项卡中【导航】面板上的 按钮，使圆充满整个绘图窗口。

8. 单击鼠标右键，选择【选项】选项，打开【选项】对话框，在【显示】选项卡的【圆弧和圆的平滑度】文本框中输入 10000。

9. 利用状态栏上的 、 按钮移动和缩放图形。

10. 以文件名 "User.dwg" 保存图形。

1.2 设置图层、线型、线宽及颜色

可以将 AutoCAD 图层想象成透明胶片，用户把各种类型的图形元素绘制在这些胶片上，AutoCAD 将这些胶片叠加在一起显示出来，如图 1-20 所示。在图层 A 上绘制了挡板，图层 B 上绘制了支架，图层 C 上绘有螺钉，最终显示结果是各层内容叠加后的效果。

图1-20 图层

1.2.1 创建及设置机械图的图层

AutoCAD 的图形对象总是位于某个图层上。默认情况下，当前层是 0 层，此时所画图形对象在 0 层上。每个图层都有与其相关联的颜色、线型及线宽等属性信息，用户可以对这些信息进行设定或修改。

【练习1-9】：   创建以下图层并设置图层线型、线宽及颜色。

名称	颜色	线型	线宽
轮廓线层	白色	Continuous	0.5
中心线层	红色	Center	默认
虚线层	黄色	dashed	默认
剖面线层	绿色	Continuous	默认
尺寸标注层	绿色	Continuous	默认
文字说明层	绿色	Continuous	默认

1. 单击【图层】面板上的 按钮，打开【图层特性管理器】对话框，再单击 按钮，列表框显示出名称为"图层 1"的图层，直接输入"轮廓线层"，按 Enter 键结束。

2. 再次按 Enter 键，又创建新图层。总共创建 6 个图层，结果如图 1-21 所示。图层"0"前有绿色标记"√"，表示该图层是当前层。

3. 指定图层颜色。选中"中心线层"，单击与所选图层关联的颜色图标■白色，打开【选择颜色】对话框，选择红色，如图 1-22 所示。同样，再设置其他图层的颜色。

图1-21　创建图层　　　　　　　　　　　图1-22　【选择颜色】对话框

4. 给图层分配线型。默认情况下，图层线型是"Continuous"。选中"中心线层"，单击与所选图层关联的"Continuous"，打开【选择线型】对话框，如图 1-23 所示，通过此对话框用户可以选择一种线型或从线型库文件中加载更多线型。

5. 单击 加载(L)... 按钮，打开【加载或重载线型】对话框，如图 1-24 所示。选择线型"CENTER"及"DASHED"，单击 确定 按钮，这些线型就被加载到系统中。当前线型库文件是"acadiso.lin"，单击 文件(F)... 按钮，可选择其他的线型库文件。

图1-23　【选择线型】对话框　　　　　　图1-24　【加载或重载线型】对话框

6. 返回【选择线型】对话框，选择"CENTER"，单击 确定 按钮，该线型就分配给"中心线层"。用相同的方法将"DASHED"线型分配给"虚线层"。

7. 设定线宽。选中"轮廓线层",单击与所选图层关联的线宽图标 —— 默认 ,打开【线宽】对话框,指定线宽为 0.5mm,如图 1-25 所示。

 如果要使图形对象的线宽在模型空间中显示得更宽或更窄一些,可以调整线宽比例。在状态栏的 + 按钮上单击鼠标右键,弹出快捷菜单,选择【设置】选项,打开【线宽设置】对话框,如图 1-26 所示,在【调整显示比例】分组框中移动滑块来改变显示比例值。

图1-25 【线宽】对话框

图1-26 【线宽设置】对话框

8. 指定当前层。选中"轮廓线层",单击 ✓ 按钮,图层前出现绿色标记"√",说明"轮廓线层"被设为当前层。

9. 关闭【图层特性管理器】对话框,单击【绘图】面板上的 / 按钮,绘制任意几条线段,这些线条的颜色为黑色,线宽为 0.5mm。单击状态栏上的 + 按钮,使这些线条显示出线宽。

10. 设定"中心线层"或"虚线层"为当前层,绘制线段,观察效果。

 中心线及虚线中的短划线及空格大小可通过线型全局比例因子(LTSCALE)调整,详见 1.2.4 小节。

1.2.2 控制图层状态

每个图层都具有打开与关闭、冻结与解冻、锁定与解锁和打印与不打印等状态,通过改变图层状态,就能控制图层上对象的可见性及可编辑性。用户可利用【图层特性管理器】对话框或【图层】面板上的【图层控制】下拉列表对图层状态进行控制,如图 1-27 所示。

图1-27 图层状态

以下对图层状态作简要说明。

- 打开/关闭:单击 💡 图标,将关闭或打开某一图层。打开的图层是可见的,而关闭的图层则不可见，也不能被打印。当图形重新生成时，被关闭的层将一起被生成。

- 解冻/冻结：单击☼图标，将冻结或解冻某一图层。解冻的图层是可见的，冻结的图层为不可见，也不能被打印。当重新生成图形时，系统不再重新生成该层上的对象，因而冻结一些图层后，可以加快许多操作的速度。

- 解锁/锁定：单击🔓图标，将锁定或解锁图层。被锁定的图层是可见的，但图层上的对象不能被编辑。

- 打印/不打印：单击🖨图标，就可设定图层是否被打印。

1.2.3　修改对象图层、颜色、线型和线宽

用户通过【特性】面板上的【颜色控制】、【线型控制】和【线宽控制】下拉列表可以方便地修改或设置对象的颜色、线型及线宽等属性，如图 1-28 所示。默认情况下，这 3 个列表框中显示"Bylayer"，"Bylayer"的意思是所绘对象的颜色、线型及线宽等属性与当前层所设定的完全相同。

图1-28　图层控制

当设置将要绘制的对象的颜色、线型及线宽等属性时，可直接在【颜色控制】、【线型控制】和【线宽控制】下拉列表中选择相应选项。

若要修改已有对象的颜色、线型及线宽等属性时，可先选择对象，然后在【颜色控制】、【线型控制】和【线宽控制】下拉列表中选择新的颜色、线型及线宽即可。

【练习1-10】：　控制图层状态、切换图层、修改对象所在的图层及改变对象线型和线宽。

1. 打开附盘文件"dwg\第 1 章\1-10.dwg"。
2. 打开【图层】面板中的【图层控制】下拉列表，选择文字层，则该层成为当前层。
3. 打开【图层控制】下拉列表，单击尺寸标注层前面的💡图标，然后将鼠标光标移出下拉列表并单击一点，关闭该图层，则层上的对象变为不可见。
4. 打开【图层控制】下拉列表，单击轮廓线层及剖面线层前面的☼图标，然后将鼠标光标移出下拉列表并单击一点，冻结这两个图层，则层上的对象变为不可见。
5. 选中所有黄色线条，则【图层控制】下拉列表显示这些线条所在的图层——虚线层。在该列表中选择中心线层，操作结束后，列表框自动关闭，被选对象转移到中心线层上。
6. 展开【图层控制】下拉列表，单击尺寸标注层前面的💡图标，再单击轮廓线层及剖面线层前面的☼图标，打开尺寸标注层及解冻轮廓线层和剖面线层，则 3 个图层上的对象变为可见。
7. 选中所有图形对象，打开【特性】面板上的【颜色控制】下拉列表，从列表中选择蓝色，则所有对象变为蓝色。改变对象线型及线宽的方法与修改对象颜色类似。

1.2.4 修改非连续线的外观

非连续线是由短横线、空格等构成的重复图案，图案中短线长度、空格大小由线型比例控制。用户绘图时常会遇到这样一种情况：本来想画虚线或点划线，但绘制出的线型看上去却和连续线一样，出现这种现象的原因是线型比例设置得太大或太小。

LTSCALE 是控制线型外观的全局比例因子，它将影响图样中所有非连续线型的外观，其值增加时，将使非连续线中短横线及空格加长，反之，会使它们缩短。图 1-29 显示了使用不同比例因子时虚线及点划线的外观。

LTSCALE=1.5   LTSCALE=3.0

图1-29 全局线型比例因子对非连续线外观的影响

【练习1-11】： 改变线型全局比例因子。

1. 打开【特性】面板上的【线型控制】下拉列表，在列表中选择【其他】选项，打开【线型管理器】对话框，再单击 ⬚显示细节(D) 按钮，则该对话框底部出现【详细信息】分组框，如图 1-30 所示。

图1-30 【线型管理器】对话框

2. 在【详细信息】分组框的【全局比例因子】文本框中输入新的比例值。

1.2.5 上机练习——使用图层及修改线型比例

【练习1-12】： 这个练习的内容包括创建图层、改变图层状态、将图形对象修改到其他图层上及修改线型比例因子等。

1. 打开附盘文件 "dwg\第 1 章\1-12.dwg"。
2. 创建以下图层。

图层	颜色	线型	线宽
尺寸标注	绿色	Continuous	默认
文字说明	绿色	Continuous	默认

3. 关闭 "轮廓线"、"剖面线" 及 "中心线" 层，将尺寸标注及文字说明分别修改到 "尺寸标注" 及 "文字说明" 层上。
4. 修改全局线型比例因子为 0.5，然后打开 "轮廓线"、"剖面线" 及 "中心线" 层。
5. 将轮廓线的线宽修改为 0.7。

1.3　习题

1. 以下练习内容包括重新布置用户界面、恢复用户界面及切换工作空间等。
(1) 移动功能区并改变功能区的形状，如图 1-31 所示。
(2) 打开【绘图】、【修改】、【对象捕捉】及【建模】工具栏，移动所有工具栏的位置，并调整【建模】工具栏的形状，如图 1-31 所示。
(3) 单击状态栏上的 按钮，选择【二维草图与注释】选项，用户界面恢复成原始布置。
(4) 单击状态栏上的 按钮，选择【AutoCAD 经典】选项，切换至 "AutoCAD 经典" 工作空间。

图1-31　重新布置用户界面

2. 以下的练习内容包括创建及存储图形文件、新建图层、熟悉 AutoCAD 命令执行过程及快速查看图形等。
(1) 利用 AutoCAD 提供的样板文件 "acadiso.dwt" 创建新文件。
(2) 进入 "AutoCAD 经典" 工作空间，用 LIMITS 命令设定绘图区域的大小为 1000 × 1000。
(3) 单击状态栏上的 按钮，再选择菜单命令【视图】/【缩放】/【范围】，使栅格充满整个图形窗口。
(4) 创建以下图层。

名称	颜色	线型	线宽
轮廓线	白色	Continuous	0.70
中心线	红色	Center	默认

(5) 切换到轮廓线层，单击【绘图】面板上的 按钮，AutoCAD 提示如下。

　　　　命令：_circle 指定圆的圆心或 [三点(3P)/两点(2P)/相切、相切、半径(T)]：

　　　　　　　　　　　　　　　　　　　　//在绘图区中单击一点

指定圆的半径或 [直径(D)] <30.0000>：50	//输入圆半径
命令：	//按 Enter 键重复上一个命令
CIRCLE 指定圆的圆心或 [三点(3P)/两点(2P)/相切、相切、半径(T)]：	
	//在屏幕上单击一点
指定圆的半径或 [直径(D)] <50.0000>：100	//输入圆半径
命令：	//按 Enter 键重复上一个命令
CIRCLE 指定圆的圆心或 [三点(3P)/两点(2P)/相切、相切、半径(T)]：*取消*	
	//按 Esc 键取消命令

(6) 单击【绘图】面板上的 ⊘ 按钮，绘制任意几条线段，然后将这些线段修改到中心线层上。

(7) 利用【特性】面板上的【线型控制】下拉列表将线型全局比例因子修改为 2。

(8) 单击【标准】工具栏上的 ⊞ 按钮使图形充满整个绘图窗口。

(9) 利用【标准】工具栏上的 ✋、🔍 按钮来移动和缩放图形。

(10) 以文件名 "User_2.dwg" 保存图形。

3. 下面这个练习的内容包括创建图层、控制图层状态、将图形对象修改到其他图层上及改变对象的颜色及线型等。

(1) 打开附盘文件 "dwg\第 1 章\1-13.dwg"。

(2) 创建以下图层。

名称	颜色	线型	线宽
轮廓线	白色	Continuous	0.70
中心线	红色	Center	0.35
尺寸线	绿色	Continuous	0.35
剖面线	绿色	Continuous	0.35
文本	绿色	Continuous	0.35

(3) 将图形的轮廓线、对称轴线、尺寸标注、剖面线及文字等分别修改到轮廓线层、中心线层、尺寸线层、剖面线层及文本层上。

(4) 通过【特性】面板上的【颜色控制】下拉列表把尺寸标注及对称轴线修改为蓝色。

(5) 通过【特性】面板上的【线型控制】下拉列表将轮廓线的线型修改为 Dashed。

(6) 将轮廓线的线宽修改为 0.5mm。

(7) 关闭或冻结尺寸线层。

第2章 绘制和编辑线段、平行线及圆

【学习目标】

- 输入点的绝对或相对坐标绘制线段。
- 结合对象捕捉、极轴追踪及自动追踪功能绘制线段。
- 绘制平行线及任意角度斜线。
- 修剪、打断线条及调整线条长度。
- 绘制圆、圆弧连接及圆的切线。
- 倒圆角及倒斜角。
- 移动、复制及旋转对象。

2.1 绘制线段的方法（一）

本节主要内容包括输入相对坐标绘制线段、捕捉几何点、修剪线条及延伸线条等。

2.1.1 输入点的坐标绘制线段

LINE 命令可在二维或三维空间中创建线段，发出命令后，用户通过鼠标光标指定线的端点或利用键盘输入端点坐标，AutoCAD 就将这些点连接成线段。

常用的点坐标形式如下。

- 绝对或相对直角坐标。绝对直角坐标的输入格式为 "X,Y"，相对直角坐标的输入格式为 "@X,Y"。X 表示点的 x 向坐标值，Y 表示点的 y 向坐标值。两坐标值之间用 "," 号分隔开。例如，（-60,30）、（40,70）分别表示图 2-1 中的 A 点和 B 点。

- 绝对或相对极坐标。绝对极坐标输入格式为 "R<α"，相对极坐标的输入格式为 "@R<α"。R 表示点到原点的距离，α表示极轴方向与 x 轴正向间的夹角。若从 x 轴正向逆时针旋转到极轴方向，则α角为正，反之，α角为负。例如，（70<120）、（50<-30）分别表示图 2-1 中的 C 点和 D 点。

图2-1　点的坐标

- 绘制线段时若只输入 "<α"，而不输入 "R"，则表示沿α角度方向绘制任意长度的线段，这种绘制线段的方式称为角度覆盖方式。

一、 命令启动方法

- 菜单命令:【绘图】/【直线】。
- 面板:【绘图】面板上的 ⬕ 按钮。
- 命令: LINE 或简写 L。

【练习2-1】: 图形左下角点的绝对坐标及图形尺寸如图 2-2 所示,下面使用 LINE 命令绘制此图形。

图2-2 输入点的坐标绘制线段

1. 设定绘图区域大小为 80×80,该区域左下角点的坐标为(190,150),右上角点的相对坐标为(@80,80)。单击【视图】选项卡中【导航】面板上的 🔍 范围 按钮,使绘图区域充满整个图形窗口。
2. 单击【绘图】面板上的 ⬕ 按钮或输入命令代号 LINE,启动绘制线命令。

命令: _line 指定第一点: 200,160	//输入 A 点的绝对直角坐标,如图 2-3 所示
指定下一点或 [放弃(U)]: @66,0	//输入 B 点的相对直角坐标
指定下一点或 [放弃(U)]: @0,48	//输入 C 点的相对直角坐标
指定下一点或 [闭合(C)/放弃(U)]: @-40,0	//输入 D 点的相对直角坐标
指定下一点或 [闭合(C)/放弃(U)]: @0,-8	//输入 E 点的相对直角坐标
指定下一点或 [闭合(C)/放弃(U)]: @-17,0	//输入 F 点的相对直角坐标
指定下一点或 [闭合(C)/放弃(U)]: @26<-110	//输入 G 点的相对极坐标
指定下一点或 [闭合(C)/放弃(U)]: c	//使线框闭合

结果如图 2-3 所示。

3. 绘制图形的其余部分。

二、 命令选项

- 指定第一点: 在此提示下,用户需指定线段的起始点,若此时按 Enter 键,AutoCAD 将以上一次所绘线段或圆弧的终点作为新线段的起点。

图2-3 绘制线段 AB、BC 等

- 指定下一点: 在此提示下,输入线段的端点,按 Enter 键后,AutoCAD 继续提示"指定下一点",用户可输入下一个端点。若在"指定下一点"提示下按 Enter 键,则命令结束。
- 放弃(U): 在"指定下一点"提示下,输入字母"U",将删除上一条线段,多次输入"U",则会删除多条线段,该选项可以及时纠正绘图过程中的错误。
- 闭合(C): 在"指定下一点"提示下,输入字母"C",AutoCAD 将使连续折线自动封闭。

2.1.2　使用对象捕捉精确绘制线段

用 LINE 命令绘制线段的过程中，可启动对象捕捉功能以拾取一些特殊的几何点，如端点、圆心及切点等。【对象捕捉】工具栏中包含了各种对象捕捉工具，其中常用捕捉工具的功能及命令代号如表 2-1 所示。

表 2-1　　　　　　　　　　　　　　　对象捕捉工具及代号

捕捉按钮	代号	功能
	FROM	正交偏移捕捉。先指定基点，再输入相对坐标确定新点
	END	捕捉端点
	MID	捕捉中点
	INT	捕捉交点
	EXT	捕捉延伸点。从线段端点开始沿线段方向捕捉一点
	CEN	捕捉圆、圆弧、椭圆的中心
	QUA	捕捉圆、椭圆的 0°、90°、180° 或 270° 处的点——象限点
	TAN	捕捉切点
	PER	捕捉垂足
	PAR	平行捕捉。先指定线段起点，再利用平行捕捉绘制平行线
无	M2P	捕捉两点间连线的中点

【练习2-2】：　打开附盘文件"dwg\第 02 章\2-2.dwg"，如图 2-4 左图所示，使用 LINE 命令将左图修改为右图。

1.　单击状态栏上的□按钮，打开自动捕捉方式。在此按钮上单击鼠标右键，选择【设置】选项，打开【草图设置】对话框，在该对话框的【对象捕捉】选项卡中设置自动捕捉类型为"端点"、"中点"及"交点"，如图 2-5 所示。

图2-4　捕捉几何点

图2-5　【草图设置】对话框

2.　绘制线段 *BC* 和 *BD*，*B* 点的位置用正交偏移捕捉确定，如图 2-4 右图所示。

命令：_line 指定第一点：from　//输入正交偏移捕捉代号"FROM"，按 Enter 键

基点：　　　　　//将鼠标光标移动到 A 点处，AutoCAD 自动捕捉该点，单击鼠标左键确认

<偏移>：@6,-6　　　　　　　　　　//输入 B 点的相对坐标

指定下一点或 [放弃(U)]：tan 到　//输入切点代号"TAN"并按 Enter 键，捕捉切点 C

指定下一点或 [放弃(U)]：　　　　//按 Enter 键结束

命令：　　　　　　　　　　　　　//重复命令

LINE 指定第一点：　　　　　　　//自动捕捉端点 B

指定下一点或 [放弃(U)]：　　　　//自动捕捉端点 D

指定下一点或 [放弃(U)]：　　　　//按 Enter 键结束

3. 绘制线段 *EH* 和 *IJ*，如图 2-4 右图所示。

命令：_line 指定第一点：　　　　//自动捕捉中点 E

指定下一点或 [放弃(U)]：m2p　　//输入捕捉代号"M2P"，按 Enter 键

中点的第一点：　　　　　　　　　//自动捕捉端点 F

中点的第二点：　　　　　　　　　//自动捕捉端点 G

指定下一点或 [放弃(U)]：　　　　//按 Enter 键结束

命令：　　　　　　　　　　　　　//重复命令

LINE 指定第一点：qua 于　　　　//输入象限点代号捕捉象限点 I

指定下一点或 [放弃(U)]：per 到　//输入垂足代号捕捉垂足 J

指定下一点或 [放弃(U)]：　　　　//按 Enter 键结束

4. 绘制线段 *LM* 和 *MN*，如图 2-4 右图所示。

命令：_line 指定第一点：EXT　　//输入延伸点代号"EXT"并按 Enter 键

于 8　　　　　　　　//从 K 点开始沿线段进行追踪，输入 L 点与 K 点的距离

指定下一点或 [放弃(U)]：PAR　　//输入平行偏移捕捉代号"PAR"并按 Enter 键

到 8　　　　　　　//将鼠标光标从线段 KO 处移动到 LM 处，再输入 LM 线段的长度

指定下一点或 [放弃(U)]：　　　　//自动捕捉端点 N

指定下一点或 [闭合(C)/放弃(U)]：//按 Enter 键结束

调用对象捕捉功能的方法有以下 3 种。

(1) 绘图过程中，当 AutoCAD 提示输入一个点时，用户可单击捕捉按钮或输入捕捉命令代号来启动对象捕捉功能，然后将鼠标光标移动到要捕捉的特征点附近，AutoCAD 就自动捕捉该点。

(2) 启动对象捕捉的另一种方法是利用快捷菜单。发出 AutoCAD 命令后，按下 Shift 键并单击鼠标右键，弹出快捷菜单，用户可在弹出的菜单中选择捕捉何种类型的点。

(3) 前面所述的捕捉方式仅对当前操作有效，命令结束后，捕捉模式自动关闭，这种捕捉方式称为覆盖捕捉方式。除此之外，用户可以采用自动捕捉方式来定位点，单击状态栏上的 □ 按钮，就会打开这种方式。

2.1.3　利用正交模式辅助绘制线段

单击状态栏上的 ⊾ 按钮打开正交模式。在正交模式下鼠标光标只能沿水平或竖直方向移动。绘制线段时若同时打开该模式，则只需输入线段的长度值，AutoCAD 就自动绘制出水平或竖直线段。

当调整水平或竖直方向线段的长度时，可利用正交模式限制鼠标光标的移动方向。选择线段，线段上出现关键点（实心矩形点），单击端点处的关键点，移动鼠标光标，就会沿水平或竖直方向改变线段的长度。

2.1.4 剪断线条

使用 TRIM 命令可将多余线条修剪掉。启动该命令后，用户首先指定一个或几个对象作为剪切边（可以想象为剪刀），然后选择被修剪的部分。

一、 命令启动方法

- 菜单命令：【修改】/【修剪】。
- 面板：【修改】面板上的 按钮。
- 命令：TRIM 或简写 TR。

【练习2-3】： 练习 TRIM 命令。

1. 打开附盘文件 "dwg\第 02 章\2-3.dwg"，如图 2-6 左图所示，下面用 TRIM 命令将左图修改为右图。

2. 单击【修改】面板上的 按钮或输入命令代号 TRIM，启动修剪命令。

        命令: _trim
        选择对象或 <全部选择>: 找到 1 个   //选择剪切边 A，如图 2-7 左图所示
        选择对象: //按 Enter 键
        选择要修剪的对象，或按住 Shift 键选择要延伸的对象，或
        [栏选(F)/窗交(C)/投影(P)/边(E)/删除(R)/放弃(U)]://在 B 点处选择要修剪的多余线条
        选择要修剪的对象，或按住 Shift 键选择要延伸的对象，或
        [栏选(F)/窗交(C)/投影(P)/边(E)/删除(R)/放弃(U)]:   //按 Enter 键结束
        命令:TRIM   //重复命令
        选择对象:总计 2 个   //选择剪切边 C、D
        选择对象: //按 Enter 键
        选择要修剪的对象或[/边(E)]: e   //选择"边(E)"选项
        输入隐含边延伸模式 [延伸(E)/不延伸(N)] <不延伸>: e //选择"延伸(E)"选项
        选择要修剪的对象: //在 E、F、G 点处选择要修剪的部分
        选择要修剪的对象: //按 Enter 键结束

结果如图 2-7 右图所示。

图2-6 练习 TRIM 命令

图2-7 修剪对象

> **要点提示** 为简化说明，仅将第 2 个 TRIM 命令与当前操作相关的提示信息罗列出来，而将其他信息省略。这种讲解方式在后续的例题中也将采用。

3. 利用 TRIM 命令修剪图中其他多余线条。

二、命令选项

- 按住 Shift 键选择要延伸的对象：将选定的对象延伸至剪切边。
- 栏选(F)：用户绘制连续折线，与折线相交的对象被修剪。
- 窗交(C)：利用交叉窗口选择对象。
- 投影(P)：该选项可以使用户指定执行修剪的空间，例如，三维空间中两条线段呈交叉关系，用户可利用该选项假想将其投影到某一平面上执行修剪操作。
- 边(E)：如果剪切边太短，没有与被修剪对象相交，就利用此选项假想将剪切边延长，然后执行修剪操作。
- 删除(R)：不退出 TRIM 命令就能删除选定的对象。
- 放弃(U)：若修剪有误，可输入字母"U"撤销修剪。

2.1.5 延伸线段

利用 EXTEND 命令可以将线段、曲线等对象延伸到一个边界对象，使其与边界对象相交。有时对象延伸后并不与边界直接相交，而是与边界的延长线相交。

一、命令启动方法

- 菜单命令：【修改】/【延伸】。
- 面板：【修改】面板上的 -/ 按钮。
- 命令：EXTEND 或简写 EX。

【练习2-4】：练习 EXTEND 命令。

1. 打开附盘文件 "dwg\第 02 章\2-4.dwg"，如图 2-8 左图所示，用 EXTEND 及 TRIM 命令将左图修改为右图。
2. 单击【修改】面板上的 -/ 按钮或输入命令代号 EXTEND，启动延伸命令。

```
命令：_extend
选择对象或 <全部选择>：找到 1 个          //选择边界线段 A，如图2-9左图所示
选择对象：                              //按 Enter 键
选择要延伸的对象，或按住 Shift 键选择要修剪的对象，或
[栏选(F)/窗交(C)/投影(P)/边(E)/放弃(U)]：  //选择要延伸的线段 B
选择要延伸的对象，或按住 Shift 键选择要修剪的对象，或
[栏选(F)/窗交(C)/投影(P)/边(E)/放弃(U)]：  //按 Enter 键结束
命令：EXTEND                            //重复命令
选择对象：总计 2 个                      //选择边界线段 A、C
选择对象：                              //按 Enter 键
选择要延伸的对象或[/边(E)]：e            //选择"边(E)"选项
输入隐含边延伸模式 [延伸(E)/不延伸(N)] <不延伸>：e//选择"延伸(E)"选项
选择要延伸的对象：                       //选择要延伸的线段 A、C
```

选择要延伸的对象：　　　　　　　　　　　　　　　　//按 Enter 键结束

结果如图 2-9 右图所示。

图2-8　练习 EXTEND 命令

图2-9　延伸及修剪线条

3. 利用 EXTEND 及 TRIM 命令继续修改图形中的其他部分。

二、命令选项

- 按住 Shift 键选择要修剪的对象：将选择的对象修剪到边界而不是将其延伸。
- 栏选(F)：用户绘制连续折线，与折线相交的对象被延伸。
- 窗交(C)：利用交叉窗口选择对象。
- 投影(P)：该选项使用户可以指定延伸操作的空间。对于二维绘图来说，延伸操作是在当前用户坐标平面（xy 平面）内进行的。在三维空间作图时，用户可通过该选项将两个交叉对象投影到 xy 平面或当前视图平面内执行延伸操作。
- 边(E)：当边界边太短且延伸对象后不能与其直接相交时，就打开该选项，此时 AutoCAD 假想将边界边延长，然后延伸线条到边界边。
- 放弃(U)：取消上一次的操作。

2.1.6 上机练习——输入点的坐标及利用对象捕捉绘制线段

【练习2-5】：　利用 LINE 及 TRIM 命令绘制平面图形，如图 2-10 所示。

图2-10　利用 LINE、TRIM 命令绘图（1）

【练习2-6】：　创建以下图层并利用 LINE 及 TRIM 命令绘制平面图形，如图 2-11 所示。

名称	颜色	线型	线宽
轮廓线层	白色	Continuous	0.5
虚线层	黄色	Dashed	默认

27

图2-11　利用 LINE、TRIM 命令绘图（2）

【练习2-7】：　利用 LINE 及 TRIM 命令绘制平面图形，如图 2-12 所示。

图2-12　利用 LINE、TRIM 命令绘图（3）

【练习2-8】：　利用 LINE 及 TRIM 命令绘制平面图形，如图 2-13 所示。

图2-13　利用 LINE、TRIM 命令绘图（4）

2.2 绘制线段的方法（二）

本节的主要内容包括极轴追踪、自动追踪、绘制平行线及改变线条长度等。

2.2.1 结合对象捕捉、极轴追踪及自动追踪功能绘制线段

首先简要说明 AutoCAD 极轴追踪及自动追踪功能，然后通过练习掌握它们。

一、极轴追踪

打开极轴追踪功能并启动 LINE 命令后，鼠标光标就沿用户设定的极轴方向移动，AutoCAD 在该方向上显示一条追踪辅助线及光标点的极坐标值，如图 2-14 所示。输入线段的长度，按 Enter 键就绘制出指定长度的线段。

图2-14　极轴追踪

二、自动追踪

自动追踪是指 AutoCAD 从一点开始自动沿某一方向进行追踪，追踪方向上将显示一条追踪辅助线及光标点的极坐标值。输入追踪距离，按 Enter 键就确定新的点。在使用自动追踪功能时，必须打开对象捕捉。AutoCAD 首先捕捉一个几何点作为追踪参考点，然后沿水平方向、竖直方向或设定的极轴方向进行追踪，如图 2-15 所示。

图2-15　自动追踪

【练习2-9】： 打开附盘文件"dwg\第 02 章\2-9.dwg"，如图 2-16 左图所示，用 LINE 命令并结合极轴追踪、对象捕捉及自动追踪功能将左图修改为右图。

图2-16　利用极轴追踪、对象捕捉及自动追踪功能绘制线段

1. 打开对象捕捉，设置自动捕捉类型为"端点"、"中点"、"圆心"及"交点"，再设定线型全局比例因子为 0.2。

2. 在状态栏上的 ✍ 按钮上单击鼠标右键，选择【设置】选项，打开【草图设置】对话框，进入【极轴追踪】选项卡，在该选项卡的【增量角】下拉列表中设定极轴角增量为 90°，如图 2-17 所示。此后，若用户打开极轴追踪绘制线段，则光标将自动沿 0°、90°、180°、270° 方向进行追踪，再输入线段长度值，AutoCAD 就在该方向上绘制出线段，单击 确定 按钮关闭【草图设置】对话框。

3. 单击状态栏上的 ✍、□ 及 ∠ 按钮，打开极轴追踪、对象捕捉及自动追踪功能。

4. 切换到轮廓线层，绘制线段 *BC* 和 *EF*，如图 2-18 所示。

命令：_line 指定第一点：	//从中点 *A* 向上追踪到 *B* 点
指定下一点或 [放弃(U)]：	//从 *B* 点向下追踪到 *C* 点
指定下一点或 [放弃(U)]：	//按 Enter 键结束
命令：	//重复命令
LINE 指定第一点：11	//从 *D* 点向上追踪并输入追踪距离
指定下一点或 [放弃(U)]：25	//从 *E* 点向右追踪并输入追踪距离
指定下一点或 [放弃(U)]：6	//从 *F* 点向上追踪并输入追踪距离
指定下一点或 [闭合(C)/放弃(U)]：	//从 *G* 点向右追踪并以 *I* 点为追踪参考点确定 *H* 点
指定下一点或 [闭合(C)/放弃(U)]：	//从 *H* 点向下追踪并捕捉交点 *J*
指定下一点或 [闭合(C)/放弃(U)]：	//按 Enter 键结束

结果如图 2-18 所示。

图2-17　【草图设置】对话框

图2-18　绘制线段 *BC*、*EF* 等

5. 绘制图形的其余部分，然后修改某些对象所在的图层。

2.2.2　绘制平行线

OFFSET 命令可将对象平移到指定的距离，创建一个与原对象类似的新对象。使用该命令时，用户可以通过两种方式创建平行对象，一种是输入平行线间的距离，另一种是指定新平行线通过的点。

一、　命令启动方法

● 菜单命令：【修改】/【偏移】。
● 面板：【修改】面板上的 ⬛ 按钮。
● 命令：OFFSET 或简写 O。

【练习2-10】：打开附盘文件"dwg\第 02 章\2-10.dwg"，如图 2-19 左图所示，用 OFFSET、EXTEND 及 TRIM 命令将左图修改为右图。

1. 用 OFFSET 命令偏移线段 *A* 和 *B* 得到平行线 *C* 和 *D*，如图 2-20 所示。

命令：_offset	
指定偏移距离或 [通过(T)/删除(E)/图层(L)] <10.0000>：70	
	//输入偏移距离
选择要偏移的对象，或 [退出(E)/放弃(U)] <退出>：	//选择线段 *A*
指定要偏移的那一侧上的点，或 [退出(E)/多个(M)/放弃(U)] <退出>：	
	//在线段 *A* 的右侧单击一点
选择要偏移的对象，或 [退出(E)/放弃(U)] <退出>：	//按 Enter 键结束
命令：OFFSET	//重复命令
指定偏移距离或 <70.0000>：74	//输入偏移距离
选择要偏移的对象，或 <退出>：	//选择线段 *B*
指定要偏移的那一侧上的点：	//在线段 *B* 的上侧单击一点
选择要偏移的对象，或 <退出>：	//按 Enter 键结束

用 TRIM 命令修剪多余线条，结果如图 2-20 右图所示。

图2-19 绘制平行线　　　　图2-20 绘制平行线及修剪多余线条

2. 用 OFFSET、EXTEND 及 TRIM 命令绘制图形的其余部分。

二、 命令选项

- 通过(T)：通过指定点创建新的偏移对象。
- 删除(E)：偏移后将源对象删除。
- 图层(L)：指定将偏移后的新对象放置在当前图层或源对象所在的图层上。
- 多个(M)：在要偏移的一侧单击多次，就创建多个等距对象。

2.2.3 打断线条

BREAK 命令可以删除对象的一部分，常用于打断线段、圆、圆弧、椭圆等，此命令既可以在一个点打断对象，也可以在指定的两点间打断对象。

一、 命令启动方法

- 菜单命令：【修改】/【打断】。
- 面板：【修改】面板上的□按钮。
- 命令：BREAK 或简写 BR。

【**练习2-11**】： 打开附盘文件 "dwg\第 02 章\2-11.dwg"，如图 2-21 左图所示，用 BREAK 命令将左图修改为右图。

图2-21　打断线条

1. 用 BREAK 命令打断线条，如图 2-22 所示。

   命令：_break 选择对象：　　　　　　　//在 A 点处选择对象，如图 2-22 左图所示
   指定第二个打断点 或 [第一点(F)]：　　　//在 B 点处选择对象
   命令：　　　　　　　　　　　　　　　//重复命令
   BREAK 选择对象：　　　　　　　　　//在 C 点处选择对象
   指定第二个打断点 或 [第一点(F)]：　　　//在 D 点处选择对象
   命令：　　　　　　　　　　　　　　　//重复命令
   BREAK 选择对象：　　　　　　　　　//选择线段 E
   指定第二个打断点 或 [第一点(F)]：f　　　//使用选项 "第一点(F)"
   指定第一个打断点：int 于　　　　　　　//捕捉交点 F
   指定第二个打断点：@　　　　　　　//输入相对坐标符号，按 Enter 键，在同一点打断对象

   将线段 E 修改到虚线层上，结果如图 2-22 右图所示。

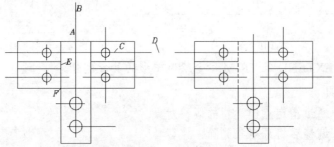

图2-22　打断线条及改变对象所在的图层

2. 用 BREAK 命令修改图形的其他部分。

   二、命令选项

   - 指定第二个打断点：在图形对象上选取第二点后，AutoCAD 将第一打断点与第二打断点间的部分删除。
   - 第一点(F)：该选项使用户可以重新指定第一打断点。

2.2.4　调整线段长度

　　LENGTHEN 命令可一次改变线段、圆弧、椭圆弧等多个对象的长度。使用此命令时，经常采用的选项是 "动态"，即直观地拖动对象来改变其长度。

一、 命令启动方法

- 菜单命令:【修改】/【拉长】。
- 面板:【修改】面板上的 按钮。
- 命令: LENGTHEN 或简写 LEN。

【练习2-12】： 打开附盘文件"dwg\第 02 章\2-12.dwg",如图 2-23 左图所示,用 LENGTHEN 命令将左图修改为右图。

图2-23　调整线条长度

1. 用 LENGTHEN 命令调整线段 *A* 和 *B* 的长度,如图 2-24 所示。

命令: _lengthen

选择对象或 [增量(DE)/百分数(P)/全部(T)/动态(DY)]: dy
//使用"动态(DY)"选项

选择要修改的对象或 [放弃(U)]:　//在线段 *A* 的上端选中对象

指定新端点:　　　　　　　　　//向下移动鼠标光标,单击一点

选择要修改的对象或 [放弃(U)]:　//在线段 *B* 的上端选中对象

指定新端点:　　　　　　　　　//向下移动鼠标光标,单击一点

选择要修改的对象或 [放弃(U)]:　//按 Enter 键结束

图2-24　调整线段 *A*、*B* 的长度

2. 用 LENGTHEN 命令调整其他定位线的长度,然后将定位线修改到中心线层上。

二、 命令选项

- 增量(DE): 以指定的增量值改变线段或圆弧的长度。对于圆弧,还可通过设定角度增量来改变其长度。
- 百分数(P): 以对象总长度的百分比形式改变对象长度。
- 全部(T): 通过指定线段或圆弧的新长度来改变对象总长。
- 动态(DY): 拖动鼠标光标就可以动态地改变对象长度。

2.2.5 上机练习——用 LINE、OFFSET 及 TRIM 命令绘图

【练习2-13】：用 LINE 命令并结合极轴追踪、对象捕捉及自动追踪功能绘制线段，用 OFFSET 及 TRIM 命令绘制线段，如图 2-25 所示，主要作图步骤如图 2-26 所示。

图2-25 利用极轴追踪、自动追踪等功能绘图

用LINE命令并结合极轴追踪及自动追踪功能绘制外轮廓线　　用LINE命令并结合极轴追踪及自动追踪功能绘制线段A、B等　　用OFFSET及TRIM等命令绘制线段C、D等

图2-26 作图步骤

【练习2-14】：利用 LINE、OFFSET 及 TRIM 命令绘制平面图形，如图 2-27 所示，主要作图步骤如图 2-28 所示。

图2-27 用 OFFSET、TRIM 命令绘图（1）

图2-28　作图步骤

【练习2-15】：　利用 LINE、OFFSET 及 TRIM 命令绘制平面图形，如图 2-29 所示。

图2-29　用 OFFSET、TRIM 命令绘图（2）

【练习2-16】：　利用 LINE、OFFSET 及 TRIM 命令绘制平面图形，如图 2-30 所示。

图2-30　用 OFFSET、TRIM 命令绘图（3）

2.3 绘制斜线、切线、圆及圆弧连接

本节主要内容包括绘制垂线、斜线、切线、圆及圆弧连接等。

2.3.1 用 LINE 及 XLINE 命令绘制任意角度斜线

可用以下两种方法绘制倾斜线段。

(1) 用 LINE 命令沿某一方向绘制任意长度的线段。启动该命令,当 AutoCAD 提示输入点时,输入一个小于号"<"及角度值,该角度表明了绘制线段的方向,AutoCAD 将把鼠标光标锁定在此方向上。移动鼠标光标,线段的长度就发生变化,获取适当长度后,单击鼠标左键结束,这种画线方式称为角度覆盖。

(2) 用 XLINE 命令绘制任意角度的斜线。XLINE 命令可以绘制无限长的构造线,利用它能直接绘制出水平方向、竖直方向及倾斜方向的线段,作图过程中采用此命令绘制定位线或绘制辅助线是很方便的。

一、 命令启动方法

- 菜单命令:【绘图】/【构造线】。
- 面板:【绘图】面板上的 ![按钮] 按钮。
- 命令: XLINE 或简写 XL。

【练习2-17】: 打开附盘文件"dwg\第 02 章\2-17.dwg",如图 2-31 左图所示,用 LINE、XLINE 及 TRIM 命令将左图修改为右图。

图2-31 绘制任意角度斜线

1. 用 XLINE 命令绘制直线 G、H、I,用 LINE 命令绘制斜线 J,如图 2-32 左图所示。

  命令: _xline 指定点或 [水平(H)/垂直(V)/角度(A)/二等分(B)/偏移(O)]: v

                   //使用"垂直(V)"选项

  指定通过点: ext   //捕捉延伸点 B

  于 24   //输入 B 点与 A 点的距离

  指定通过点: //按 Enter 键结束

  命令: //重复命令

  XLINE 指定点或 [水平(H)/垂直(V)/角度(A)/二等分(B)/偏移(O)]: h

	//使用"水平(H)"选项
指定通过点: ext	//捕捉延伸点 C
于 5	//输入 C 点与 A 点的距离
指定通过点:	//按 Enter 键结束
命令:	//重复命令
XLINE 指定点或 [水平(H)/垂直(V)/角度(A)/二等分(B)/偏移(O)]: a	
	//使用"角度(A)"选项
输入构造线的角度 (0) 或 [参照(R)]: r	//使用"参照(R)"选项
选择直线对象:	//选择线段 AB
输入构造线的角度 <0>: 130	//输入构造线与线段 AB 的夹角
指定通过点: ext	//捕捉延伸点 D
于 39	//输入 D 点与 A 点的距离
指定通过点:	//按 Enter 键结束
命令: _line 指定第一点: ext	//捕捉延伸点 F
于 31	//输入 F 点与 E 点的距离
指定下一点或 [放弃(U)]: <60	//设定画线的角度
指定下一点或 [放弃(U)]:	//沿 60° 方向移动鼠标光标
指定下一点或 [放弃(U)]:	//单击一点结束

修剪多余线条, 结果如图 2-32 右图所示。

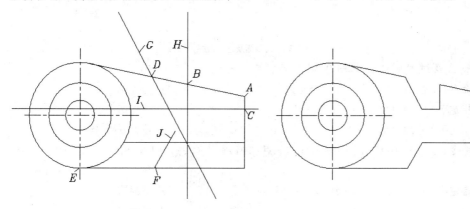

图2-32 绘制斜线及修剪线条

2. 用 XLINE、OFFSET 及 TRIM 命令绘制图形的其余部分。

二、 命令选项

- 水平(H): 绘制水平方向线段。
- 垂直(V): 绘制竖直方向线段。
- 角度(A): 通过某点绘制一个与已知线段成一定角度的线段。
- 二等分(B): 绘制一条平分已知角度的线段。
- 偏移(O): 可输入一个偏移距离来绘制平行线, 或指定线段通过的点来创建新平行线。

2.3.2 绘制切线、圆及圆弧连接

用户可利用 LINE 命令并结合切点捕捉"TAN"来绘制切线。

可用 CIRCLE 命令绘制圆及圆弧连接。默认的绘制圆的方法是指定圆心和半径，此外，还可通过两点或三点来绘制圆。

一、 命令启动方法

- 菜单命令：【绘图】/【圆】。
- 面板：【绘图】面板上的 ⊙ 按钮。
- 命令：CIRCLE 或简写 C。

【练习2-18】： 打开附盘文件"dwg\第 02 章\2-18.dwg"，如图 2-33 左图所示。用 LINE、CIRCLE 命令将左图修改为右图。

图2-33　绘制圆及过渡圆弧

1. 绘制切线及过渡圆弧，如图 2-34 所示。

命令：_line 指定第一点：tan 到	//捕捉切点 A
指定下一点或 [放弃(U)]：tan 到	//捕捉切点 B
指定下一点或 [放弃(U)]：	//按 Enter 键结束
命令：_circle 指定圆的圆心或 [三点(3P)/两点(2P)/相切、相切、半径(T)]：3p	//使用"三点(3P)"选项
指定圆上的第一点：tan 到	//捕捉切点 D
指定圆上的第二点：tan 到	//捕捉切点 E
指定圆上的第三点：tan 到	//捕捉切点 F
命令：	//重复命令
CIRCLE 指定圆的圆心或 [三点(3P)/两点(2P)/相切、相切、半径(T)]：t	//使用"相切、相切、半径(T)"选项
指定对象与圆的第一个切点：	//捕捉切点 G
指定对象与圆的第二个切点：	//捕捉切点 H
指定圆的半径 <10.8258>:30	//输入圆半径
命令：	//重复命令
命令：CIRCLE 指定圆的圆心或 [三点(3P)/两点(2P)/相切、相切、半径(T)]：from	//使用正交偏移捕捉

基点：int 于　　　　　　　　　　　　　　　//捕捉交点 C

<偏移>：@22,4　　　　　　　　　　　　　//输入相对坐标

指定圆的半径或 [直径(D)] <30.0000>：3.5　　//输入圆半径

修剪多余线条，结果如图 2-34 右图所示。

图2-34　绘制切线及圆

2.　用 LINE、CIRCLE 及 TRIM 命令绘制图形的其余部分。

二、 命令选项

- 三点(3P)：输入 3 个点绘制圆。
- 两点(2P)：指定直径的两个端点绘制圆。
- 相切、相切、半径(T)：选取与圆相切的两个对象，然后输入圆半径。

2.3.3　倒圆角及倒角

倒圆角命令 FILLET，操作的对象包括直线、多段线、样条线、圆、圆弧等。

倒角命令 CHAMFER，倒角时既可以输入每条边的倒角距离，也可以指定某条边上倒角的长度及与此边的夹角。

命令启动的方法如表 2-2 所示。

表 2-2　　　　　　　　　　　　　　　启动命令的方法

方式	倒圆角	倒角
菜单命令	【修改】/【圆角】	【修改】/【倒角】
面板	【修改】面板上的◻按钮	【修改】面板上的◻按钮
命令	FILLET 或简写 F	CHAMFER 或简写 CHA

【练习2-19】：　打开附盘文件 "dwg\第 02 章\2-19.dwg"，如图 2-35 左图所示，用 FILLET 及 CHAMFER 命令将左图修改为右图。

1.　创建圆角，如图 2-36 所示。

命令：_fillet

选择第一个对象或 [放弃(U)/多段线(P)/半径(R)/修剪(T)/多个(M)]：r

　　　　　　　　　　　　　　　　　　　　//设置圆角半径

指定圆角半径 <3.0000>：5　　　　　　　//输入圆角半径值

选择第一个对象或 [放弃(U)/多段线(P)/半径(R)/修剪(T)/多个(M)]：

　　　　　　　　　　　　　　　　　　　　//选择线段 A

选择第二个对象，或按住 Shift 键选择要应用角点的对象：

               //选择线段 B

2. 创建倒角，如图 2-36 所示。

命令：_chamfer

选择第一条直线[放弃(U)/多段线(P)/距离(D)/角度(A)/修剪(T)/方式(E)/多个(M)]: d

               //设置倒角距离

指定第一个倒角距离 <3.0000>: 5   //输入第一个边的倒角距离

指定第二个倒角距离 <5.0000>: 10   //输入第二个边的倒角距离

选择第一条直线或 [放弃(U)/多段线(P)/距离(D)/角度(A)/修剪(T)/方式(E)/多个(M)]:

               //选择线段 C

选择第二条直线，或按住 Shift 键选择要应用角点的直线：   //选择线段 D

图2-35　倒圆角及倒角   图2-36　创建圆角及斜角

3. 创建其余圆角及斜角。

常用的命令选项如表 2-3 所示。

表 2-3   命令选项的功能

命令	选项	功能
FILLET	多段线(P)	对多段线的每个顶点进行倒圆角操作
	半径(R)	设定圆角半径。若圆角半径为 0，则系统将使被倒圆角的两个对象交于一点
	修剪(T)	指定倒圆角操作后是否修剪对象
	多个(M)	可一次创建多个圆角
	按住 Shift 键选择要应用角点的对象	若按住 Shift 键选择第二个圆角对象时，则以 0 值替代当前的圆角半径
CHAMFER	多段线(P)	对多段线的每个顶点执行倒角操作
	距离(D)	设定倒角距离。若倒角距离为 0，则系统将被倒角的两个对象交于一点
	角度(A)	指定倒角距离及倒角角度
	修剪(T)	设置倒角时是否修剪对象
	多个(M)	可一次创建多个倒角
	按住 Shift 键选择要应用角点的直线	若按住 Shift 键选择第二个倒角对象时，则以 0 值替代当前的倒角距离

2.3.4 移动及复制对象

移动及复制图形的命令分别是 MOVE 和 COPY，这两个命令的使用方法相似。启动 MOVE 或 COPY 命令后，首先选择要移动或复制的对象，然后通过两点或直接输入位移值指定对象移动的距离和方向，AutoCAD 就将图形元素从原位置移动或复制到新位置。

命令启动的方法如表 2-4 所示。

表 2-4 启动命令的方法

方式	移动	复制
菜单命令	【修改】/【移动】	【修改】/【复制】
面板	【修改】面板上的 ✛ 按钮	【修改】面板上的 ✧ 按钮
命令	MOVE 或简写 M	COPY 或简写 CO

【练习2-20】： 打开附盘文件"dwg\第 2 章\2-20.dwg"，如图 2-37 左图所示，用 MOVE 及 COPY 命令将左图修改为右图。

图2-37 移动及复制对象

1. 移动及复制对象，如图 2-38 所示。

命令	注释
命令: _move	//启动移动命令
选择对象: 指定对角点: 找到 3 个	//选择对象 A
选择对象:	//按 Enter 键确认
指定基点或 [位移(D)] <位移>: 12,5	//输入沿 x、y 轴移动的距离
指定第二个点或 <使用第一个点作为位移>:	//按 Enter 键结束
命令: _copy	//启动复制命令
选择对象: 指定对角点: 找到 7 个	//选择对象 B
选择对象:	//按 Enter 键确认
指定基点或 [位移(D)/模式(O)] <位移>:	//捕捉交点 C
指定第二个点或 <使用第一个点作为位移>:	//捕捉交点 D
指定第二个点或 [退出(E)/放弃(U)] <退出>:	//按 Enter 键结束
命令: _copy	//重复命令
选择对象: 指定对角点: 找到 7 个	//选择对象 E
选择对象:	//按 Enter 键

41

指定基点或 [位移(D)/模式(O)] <位移>：17<-80 //指定复制的距离及方向
指定第二个点或 <使用第一个点作为位移>：   //按 Enter 键结束

图2-38　移动对象 A 及复制对象 B、E

2. 绘制图形的其余部分。

使用 MOVE 或 COPY 命令时，可通过以下方式指明对象移动或复制的距离和方向。

- 在屏幕上指定两个点，这两点的距离和方向代表了实体移动的距离和方向。当 AutoCAD 提示"指定基点"时，指定移动的基准点。在 AutoCAD 提示"指定第二个点"时，捕捉第二点或输入第二点相对于基准点的相对直角坐标或极坐标。

- 以"X,Y"方式输入对象沿 x、y 轴移动的距离，或用"距离<角度"方式输入对象位移的距离和方向。当 AutoCAD 提示"指定基点"时，输入位移值。在 AutoCAD 提示"指定第二个点"时，按 Enter 键确认，这样 AutoCAD 就以输入位移值来移动图形对象。

- 打开正交或极轴追踪功能，就能方便地将实体只沿 x 轴或 y 轴方向移动。当 AutoCAD 提示"指定基点"时，单击一点并把实体向水平或竖直方向移动，然后输入位移的数值。

- 使用"位移(D)"选项。启动该选项后，AutoCAD 提示"指定位移"。此时，以"X,Y"方式输入对象沿 x、y 轴移动的距离，或以"距离<角度"方式输入对象位移的距离和方向。

2.3.5　旋转对象

ROTATE 命令可以旋转图形对象，改变图形对象方向。使用此命令时，用户指定旋转基点并输入旋转角度就可以转动图形对象。此外，也可以某个方位作为参照位置，然后选择一个新对象或输入一个新角度值来指明要旋转到的位置。

一、命令启动方法

- 菜单命令：【修改】/【旋转】。
- 面板：【修改】面板上的 按钮。
- 命令：ROTATE 或简写 RO。

【练习2-21】：打开附盘文件"dwg\第 2 章\2-21.dwg"，用 LINE、CIRCLE 及 ROTATE 命令将图 2-39 中的左图修改为右图。

图2-39　旋转对象

1. 用 ROTATE 命令旋转对象 *A*，如图 2-40 所示。

命令: _rotate	
选择对象: 指定对角点: 找到 7 个	//选择图形对象 A，如图 2-40 左图所示
选择对象:	//按 Enter 键
指定基点:	//捕捉圆心 B
指定旋转角度，或 [复制(C)/参照(R)] <70>: c	//使用选项"复制(C)"
指定旋转角度，或 [复制(C)/参照(R)] <70>: 59	//输入旋转角度
命令:ROTATE	//重复命令
选择对象: 指定对角点: 找到 7 个	//选择图形对象 A
选择对象:	//按 Enter 键
指定基点:	//捕捉圆心 B
指定旋转角度，或 [复制(C)/参照(R)] <59>: c	//使用选项"复制(C)"
指定旋转角度，或 [复制(C)/参照(R)] <59>: r	//使用选项"参照(R)"
指定参照角 <0>:	//捕捉 B 点
指定第二点:	//捕捉 C 点
指定新角度或 [点(P)] <0>:	//捕捉 D 点

图2-40　旋转对象 *A*

2. 绘制图形的其余部分。

二、命令选项

- 指定旋转角度：指定旋转基点并输入绝对旋转角度来旋转实体。旋转角度是基于当前用户坐标系测量的，如果输入负的旋转角度，则选定的对象顺时针旋转，否则将逆时针旋转。

- 复制(C)：旋转对象的同时复制对象。
- 参照(R)：指定某个方向作为起始参照角，然后拾取一个点或两个点来指定原对象要旋转到的位置，也可以输入新角度值来指明要旋转到的位置。

2.3.6 上机练习——绘制圆弧连接及倾斜图形

【练习2-22】：用 LINE、CIRCLE、OFFSET 及 TRIM 命令绘制图 2-41 所示的图形。

图2-41　用 LINE、CIRCLE 命令绘图

1. 创建以下两个图层。

名称	颜色	线型	线宽
轮廓线层	白色	Continuous	0.5
中心线层	红色	Center	默认

2. 通过【线型控制】下拉列表打开【线型管理器】对话框，在此对话框中设定线型全局比例因子为 0.2。

3. 打开极轴追踪、对象捕捉及自动追踪功能。指定极轴追踪角度增量为 90°，设定对象捕捉方式为"端点"和"交点"。

4. 设定绘图区域大小为 100×100。单击【视图】选项卡中【导航】面板上的 范围 按钮使绘图区域充满整个图形窗口。

5. 切换到中心线层，用 LINE 命令绘制圆的定位线 A 和 B，其长度约为 35，再用 OFFSET 及 LENGTHEN 命令形成其他定位线，如图 2-42 所示。

6. 切换到轮廓线层，绘制圆、过渡圆弧及切线，如图 2-43 所示。

图2-42　绘制圆的定位线　　　　　　　　　图2-43　绘制圆、过渡圆弧及切线

7. 用 LINE 命令绘制线段 C 和 D，再用 OFFSET 及 LENGTHEN 命令形成定位线 E 和 F，如图 2-44 左图所示。绘制线框 G，如图 2-44 右图所示。

图2-44　绘制线段 C、D 和线框 G

【练习2-23】：用 LINE、CIRCLE、OFFSET 及 TRIM 命令绘制图 2-45 所示的图形。

图2-45　用 LINE、CIRCLE 等命令绘图

【练习2-24】：用 LINE、CIRCLE、XLINE、OFFSET 及 TRIM 命令绘制图 2-46 所示的图形，主要作图步骤如图 2-47 所示。

图2-46　用 LINE、OFFSET 等命令绘图

图2-47 作图步骤

【练习2-25】：用 LINE、CIRCLE、COPY 及 ROTATE 命令绘制平面图形，如图2-48 所示。

图2-48 利用 COPY 及 ROTATE 等命令绘图

2.4 综合训练——绘制三视图

【练习2-26】：根据轴测图及视图轮廓绘制完整视图，如图 2-49 所示。

图2-49 绘制三视图

要点提示 绘制主视图及俯视图后，可将俯视图复制到新位置并旋转 90°，如图 2-50 所示，然后用 XLINE 命令绘制水平及竖直投影线，利用这些线条形成左视图的主要轮廓。

图2-50 绘制水平及竖直投影线

【练习2-27】： 根据轴测图及视图轮廓绘制完整视图，如图 2-51 所示。

图2-51 绘制视图

【练习2-28】： 根据轴测图绘制三视图，如图 2-52 所示。

图2-52 绘制三视图（1）

【练习2-29】： 根据轴测图绘制三视图，如图 2-53 所示。

图2-53 绘制三视图（2）

2.5 综合训练——绘制曲轴零件图

【练习2-30】： 使用 LINE、OFFSET 及 TRIM 命令绘制曲轴零件图，如图 2-54 所示。

图2-54 绘制曲轴零件图

1. 创建以下 3 个图层。

名称	颜色	线型	线宽
轮廓线层	白色	Continuous	0.5
虚线层	黄色	Dashed	默认
中心线层	红色	Center	默认

2. 通过【线型控制】下拉列表打开【线型管理器】对话框，在此对话框中设定线型全局比例因子为 0.1。

3. 打开极轴追踪、对象捕捉及自动追踪功能。指定极轴追踪角度增量为 90°，设定对象捕捉方式为"端点"和"交点"。

4. 设定绘图区域大小为 100×100。单击【视图】选项卡中【导航】面板上的 🔍范围 按钮 使绘图区域充满整个图形窗口。

5. 切换到轮廓线层，绘制两条作图基准线 *A* 和 *B*，如图 2-55 上图所示。线段 *A* 的长度约 为 120，线段 *B* 的长度约为 30。

6. 以 *A*、*B* 线为基准线，用 OFFSET 及 TRIM 命令形成曲轴左边的第一段、第二段，如图 2-55 下图所示。

图2-55　绘制作图基准线及形成曲轴的第一段、第二段

7. 用同样的方法绘制曲轴的其他线段。

8. 绘制左视图定位线 *C* 和 *D*，然后绘制出左视图细节，如图 2-56 所示。

图2-56　绘制左视图细节

9. 用 LENGTHEN 命令调整轴线、定位线的长度，然后将它们修改到中心线层上。

2.6　习题

1. 利用点的相对坐标绘制线段，如图 2-57 所示。

图2-57　输入点的相对坐标绘制线段

49

2. 打开极轴追踪、对象捕捉及自动追踪功能绘制线段，如图 2-58 所示。

图2-58 利用极轴追踪、自动追踪等功能绘制线段

3. 用 OFFSET 及 TRIM 命令绘图，如图 2-59 所示。

图2-59 绘制平行线及修剪线条

4. 绘制如图 2-60 所示的图形。

图2-60 绘制圆、切线及过渡圆弧

5. 绘制如图 2-61 所示的图形。

图2-61 用 LINE、CIRCLE 及 OFFSET 等命令绘图

6. 根据轴测图绘制三视图，如图 2-62 所示。

图2-62 绘制三视图（1）

7. 根据轴测图绘制三视图，如图 2-63 所示。

图2-63 绘制三视图（2）

第3章 绘制及编辑多边形、椭圆及剖面图案

【学习目标】
- 绘制矩形、正多边形及椭圆。
- 创建矩形阵列及环形阵列。
- 镜像对象。
- 对齐及拉伸图形。
- 按比例缩放图形。
- 绘制断裂线及填充剖面图案。

3.1 绘制多边形、椭圆、阵列及镜像对象

本节主要内容包括绘制矩形、正多边形、椭圆、阵列及镜像对象等。

3.1.1 绘制矩形、正多边形及椭圆

RECTANG 命令用于绘制矩形，用户只需指定矩形对角线的两个端点就能画出矩形。绘制时，可指定顶点处的倒角距离及圆角半径。

POLYGON 命令用于绘制正多边形，多边形的边数在 3 到 1024 之间，绘制方式包括根据外接圆生成多边形或是根据内切圆生成多边形。

ELLIPSE 命令用于创建椭圆，绘制椭圆的默认方法是指定椭圆第一根轴线的两个端点及另一轴长度的一半。另外，也可通过指定椭圆中心、第一轴的端点及另一轴线的半轴长度来创建椭圆。

命令启动的方法如表 3-1 所示。

表 3-1　　　　　　　　　　　　启动命令的方法

方式	矩形	正多边形	椭圆
菜单命令	【绘图】/【矩形】	【绘图】/【正多边形】	【绘图】/【椭圆】
面板	【绘图】面板上的□按钮	【绘图】面板上的⬠按钮	【绘图】面板上的⬭按钮
命令	RECTANG 或简写 REC	POLYGON 或简写 POL	ELLIPSE 或简写 EL

【练习3-1】：　用 LINE、RECTANG、POLYGON 及 ELLIPSE 命令绘制平面图形，如图 3-1 所示。

1. 打开极轴追踪、对象捕捉及自动追踪功能。设置极轴追踪角度增量为 90°，设置对象捕捉方式为"端点"和"交点"。
2. 绘制外轮廓线及正多边形和椭圆的定位线，如图 3-2 左图所示。

3. 用 OFFSET、LINE 及 LENGTHEN 命令形成正边形及椭圆的定位线。然后绘制矩形、五边形及椭圆，如图 3-2 右图所示。

```
命令: _rectang                                    //绘制矩形
指定第一个角点或 [倒角(C)/标高(E)/圆角(F)/厚度(T)/宽度(W)]: from
                                                  //使用正交偏移捕捉
基点:                                             //捕捉交点 A
<偏移>: @-8,6                                      //输入 B 点的相对坐标
指定另一个角点或 [面积(A)/尺寸(D)/旋转(R)]: @-10,21
                                                  //输入 C 点的相对坐标
命令: _polygon 输入边的数目 <4>: 5                 //输入多边形的边数
指定正多边形的中心点或 [边(E)]:                    //捕捉交点 D
输入选项 [内接于圆(I)/外切于圆(C)] <I>: I          //按"内接于圆(I)"的方式绘制多边形
指定圆的半径: @7<62                                //输入 E 点的相对坐标
命令: _ellipse                                    //绘制椭圆
指定椭圆的轴端点或 [圆弧(A)/中心点(C)]: c           //使用"中心点(C)"选项
指定椭圆的中心点:                                  //捕捉 F 点
指定轴的端点: @8<62                                //输入 G 点的相对坐标
指定另一条半轴长度或 [旋转(R)]: 5                   //输入另一半轴长度
```

图3-1　绘制矩形、正多边形及椭圆

图3-2　绘制矩形、五边形及椭圆

4. 绘制图形的其余部分，然后修改定位线所在的图层。

常用的命令选项如表 3-2 所示。

表 3-2　　　　　　　　　　命令选项的功能

命令	选项	功能
RECTANG	倒角(C)	指定矩形各顶点倒斜角的大小
	圆角(F)	指定矩形各项点倒圆角半径
	宽度(W)	设置矩形边的线宽
	面积(A)	先输入矩形面积，再输入矩形长度或宽度值创建矩形
	尺寸(D)	输入矩形的长、宽尺寸创建矩形
	旋转(R)	设定矩形的旋转角度

续表

命令	选项	功能
POLYGON	边(E)	输入多边形边数后，再指定某条边的两个端点即可绘出多边形
	内接于圆(I)	根据外接圆生成正多边形
	外切于圆(C)	根据内切圆生成正多边形
ELLIPSE	圆弧(A)	绘制一段椭圆弧。过程是先绘制一个完整的椭圆，随后 AutoCAD 提示用户指定椭圆弧的起始角及终止角
	中心点(C)	通过椭圆中心点及长轴、短轴来绘制椭圆
	旋转(R)	按旋转方式绘制椭圆，即 AutoCAD 将圆绕直径转动一定角度后，再投影到平面上形成椭圆

3.1.2 矩形阵列对象

ARRAY 命令可创建矩形阵列。矩形阵列是指将对象按行、列方式进行排列。操作时，用户一般应告诉 AutoCAD 阵列的行数、列数、行间距及列间距等，如果要沿倾斜方向生成矩形阵列，还应输入阵列的倾斜角度。

命令启动方法

- 菜单命令:【修改】/【阵列】。
- 面板:【修改】面板上的 ⊞ 按钮。
- 命令: ARRAY 或简写 AR。

【练习3-2】: 打开附盘文件 "dwg\第 3 章\3-2.dwg"，如图 3-3 左图所示，下面用 ARRAY 命令将左图修改为右图。

1. 启动阵列命令，AutoCAD 弹出【阵列】对话框，在该对话框中选取【矩形阵列】单选项，如图 3-4 所示。

图3-3 创建矩形阵列

图3-4 【阵列】对话框

2. 单击 ⊞ 按钮，AutoCAD 提示 "选择对象"，选择要阵列的图形对象 A，如图 3-3 所示。

3. 分别在【行数】、【列数】文本框中输入阵列的行数及列数，如图 3-4 所示。"行"的方向与坐标系的 x 轴平行，"列"的方向与 y 轴平行。

4. 分别在【行偏移】、【列偏移】文本框中输入行间距及列间距，如图 3-4 所示。行、列间距的数值可为正或负，若是正值，则 AutoCAD 沿 x、y 轴的正方向形成阵列；反之，则沿反方向形成阵列。

5. 在【阵列角度】文本框中输入阵列方向与 x 轴的夹角，如图 3-4 所示。该角度逆时针为正，顺时针为负。

6. 利用 ⬜预览(V) <⬜ 按钮，用户可预览阵列效果。单击此按钮，AutoCAD 返回绘图窗口，并按设定的参数显示出矩形阵列。

7. 单击鼠标右键，结果如图 3-3 右图所示。

8. 沿倾斜方向创建对象 *B* 的矩形阵列，如图 3-3 右图所示。阵列参数为行数"2"、列数"3"、行间距"–10"、列间距"15"及阵列角度"40°"。

3.1.3 环形阵列对象

ARRAY 命令除了可以创建矩形阵列外，还能创建环形阵列。环形阵列是指把对象绕阵列中心等角度均匀分布。决定环形阵列的主要参数有阵列中心、阵列总角度及阵列数目。此外，用户也可通过输入阵列总数及每个对象间的夹角来生成环形阵列。

【练习3-3】：　打开附盘文件"dwg\第 3 章\3-3.dwg"，如图 3-5 左图所示，下面用 ARRAY 命令将左图修改为右图。

图3-5　创建环形阵列

1. 启动阵列命令，AutoCAD 弹出【阵列】对话框，在该对话框中选取【环形阵列】单选项，如图 3-6 所示。

2. 单击⬛按钮，AutoCAD 提示"选择对象"，选择要阵列的图形对象 *A*，如图 3-5 所示。

3. 在【中心点】区域中单击⬛按钮，AutoCAD 切换到绘图窗口，在屏幕上指定阵列中心点 *B*，如图 3-5 所示。

4. 【方法】下拉列表中提供了 3 种创建环形阵列的方法，选择其中一种，AutoCAD 就列出需设定的参数。默认情况下，【项目总数和填充角度】是当前选项。此时，用户需输入的参数有项目总数和填充角度。

5. 在【项目总数】文本框中输入环形阵列的总数目，在【填充角度】文本框中输入阵列分布的总角度值，如图 3-6 所示。若阵列角度为正，则 AutoCAD 沿逆时针方向创建阵列；反之，则按顺时针方向创建阵列。

图3-6　【阵列】对话框

6. 单击 ⬜预览(V) <⬜ 按钮，预览阵列效果。

7. 单击鼠标右键完成环形阵列。

8. 继续创建对象 *C*、*D* 的环形阵列，结果如图 3-5 右图所示。

3.1.4 镜像对象

对于对称图形,用户只需画出图形的一半,另一半可由 MIRROR 命令镜像出来。操作时,用户首先告诉 AutoCAD 要对哪些对象进行镜像,然后再指定镜像线位置即可。

命令启动方法

- 菜单命令:【修改】/【镜像】。
- 面板:【修改】面板上的 ⚎ 按钮。
- 命令:MIRROR 或简写 MI。

【练习3-4】: 打开附盘文件"dwg\第 3 章\3-4.dwg",如图 3-7 左图所示,下面用 MIRROR 命令将左图修改为中图。

图3-7 镜像对象

命令: _mirror	//启动镜像命令
选择对象:指定对角点:找到13 个	//选择镜像对象
选择对象:	//按 Enter 键
指定镜像线的第一点:	//拾取镜像线上的第一点
指定镜像线的第二点:	//拾取镜像线上的第二点
要删除源对象吗? [是(Y)/否(N)] <N>:	//按 Enter 键,默认镜像时不删除源对象

结果如图 3-7 中图所示。如果删除源对象,结果如图 3-7 右图所示。

3.1.5 上机练习——绘制对称图形

【练习3-5】: 利用 LINE、OFFSET、ARRAY 及 MIRROR 命令绘制平面图形,如图 3-8 所示,主要作图步骤如图 3-9 所示。

图3-8 绘制对称图形(1)

图3-9 主要作图步骤

【练习3-6】：利用 LINE、OFFSET、ARRAY 及 MIRROR 命令绘制平面图形，如图 3-10 所示。

图3-10 绘制对称图形（2）

【练习3-7】：利用 LINE、OFFSET、ARRAY 及 MIRROR 命令绘制平面图形，如图 3-11 所示。

图3-11 绘制对称图形（3）

【练习3-8】： 利用 LINE、CIRCLE、OFFSET 及 ARRAY 命令绘制平面图形，如图 3-12 所示。

图3-12　创建矩形及环形阵列

3.2 对齐、拉伸及缩放对象

本节主要内容包括对齐对象、拉伸及比例缩放对象。

3.2.1 对齐图形

ALIGN 命令可以同时移动、旋转一个对象使之与另一对象对齐。例如，用户可以使图形对象中某点、某条直线或某一个面（三维实体）与另一实体的点、线或面对齐。操作过程中用户只需按照 AutoCAD 提示的指定源对象与目标对象的一点、两点或三点对齐就可以了。

命令启动方法

- 下拉菜单：【修改】/【三维操作】/【对齐】。
- 面板：【修改】面板上的 按钮。
- 命令：ALIGN 或简写 AI。

【练习3-9】： 用 LINE、CIRCLE 及 ALIGN 命令绘制平面图形，如图 3-13 所示。

图3-13　对齐图形

1. 绘制轮廓线及图形 *E*，再用 XLINE 命令绘制定位线 *C* 和 *D*，如图 3-14 左图所示，然后用 ALIGN 命令将图形 *E* 定位到正确的位置，如图 3-14 右图所示。

命令：_xline 指定点或 [水平(H)/垂直(V)/角度(A)/二等分(B)/偏移(O)]：from	//使用正交偏移捕捉
基点：	//捕捉基点 *A*
<偏移>：@12,11	//输入 *B* 点的相对坐标
指定通过点：<16	//设定直线 *D* 的角度
指定通过点：	//单击一点
指定通过点：<106	//设定直线 *C* 的角度
指定通过点：	//单击一点
指定通过点：	//按 Enter 键结束
命令：align	//启动对齐命令
选择对象：指定对角点：找到 15 个	//选择图形 *E*
选择对象：	//按 Enter 键
指定第一个源点：	//捕捉第一个源点 *F*
指定第一个目标点：	//捕捉第一个目标点 *B*
指定第二个源点：	//捕捉第二个源点 *G*
指定第二个目标点：nea 到	//在直线 *D* 上捕捉一点
指定第三个源点或 <继续>：	//按 Enter 键
是否基于对齐点缩放对象？[是(Y)/否(N)] <否>：	//按 Enter 键不缩放源对象

2. 绘制定位线 *H*、*I* 及图形 *J*，如图 3-15 左图所示，用 ALIGN 命令将图形 *J* 定位到正确的位置，如图 3-15 右图所示。

图3-14 对齐图形 *E*

图3-15 对齐图形 *J*

3.2.2 拉伸图形

STRETCH 命令可以一次将多个图形对象沿指定的方向进行拉伸，编辑过程中必须用交叉窗口选择对象，除被选中的对象外，其他图元的大小及相互间的几何关系将保持不变。

命令启动方法

- 菜单命令：【修改】/【拉伸】。
- 面板：【修改】面板上的 按钮。
- 命令：STRETCH 或简写 S。

【练习3-10】：打开附盘文件"dwg\第 3 章\3-10.dwg"，用 STRETCH 命令将图 3-16 中的左图修改为右图。

图3-16　拉伸图形

1. 打开极轴追踪、对象捕捉及自动追踪功能。

2. 调整槽 *A* 的宽度及槽 *D* 的深度，如图 3-17 所示。

命令: _stretch	//启动拉伸命令
选择对象:	//单击 *B* 点，如图 3-17 左图所示
指定对角点: 找到 17 个	//单击 *C* 点
选择对象:	//按 Enter 键
指定基点或 [位移(D)] <位移>:	//单击一点
指定第二个点或 <使用第一个点作位移>: 10	//向右追踪并输入追踪距离
命令: STRETCH	//重复命令
选择对象:	//单击 *E* 点，如图 3-17 左图所示
指定对角点: 找到 5 个	//单击 *F* 点
选择对象:	//按 Enter 键
指定基点或 [位移(D)] <位移>: 10<-60	//输入拉伸的距离及方向
指定第二个点或 <使用第一个点作为位移>:	//按 Enter 键结束

图3-17　拉伸对象

3. 用 STRETCH 命令修改图形的其他部分。

使用 STRETCH 命令时，首先应利用交叉窗口选择对象，然后指定对象拉伸的距离和方向。凡在交叉窗口中的对象和顶点都被移动，而与交叉窗口相交的对象将被延伸或缩短。
设定拉伸距离和方向的方式如下。

- 在屏幕上指定两个点，这两点的距离和方向代表了拉伸实体的距离和方向。
  当 AutoCAD 提示"指定基点"时，指定拉伸的基准点。当 AutoCAD 提示"指定第二个点"时，捕捉第二点或输入第二点相对于基准点的相对直角坐标或极坐标。

- 以"*X,Y*"方式输入对象沿 *x*、*y* 轴拉伸的距离，或用"距离<角度"方式输入拉伸的距离和方向。当 AutoCAD 提示"指定基点"时，输入拉伸值。在

AutoCAD 提示"指定第二个点"时，按 $\boxed{\text{Enter}}$ 键确认，这样 AutoCAD 就以输入的拉伸值来拉伸对象。

- 打开正交或极轴追踪功能，就能方便地将实体只沿 x 轴或 y 轴方向拉伸。当 AutoCAD 提示"指定基点"时，单击一点并把实体向水平或竖直方向拉伸，然后输入拉伸值。

- 使用"位移(D)"选项。选择该选项后，AutoCAD 提示"指定位移"，此时，以"X,Y"方式输入沿 x、y 轴拉伸的距离，或以"距离<角度"方式输入拉伸的距离和方向。

3.2.3　按比例缩放图形

SCALE 命令可将对象按指定的比例因子相对于基点放大或缩小，也可把对象缩放到指定的尺寸。

一、　命令启动方法

- 菜单命令:【修改】/【缩放】。
- 面板:【修改】面板上的 ⬚ 按钮。
- 命令: SCALE 或简写 SC。

【练习3-11】：　打开附盘文件"dwg\第 3 章\3-11.dwg"，用 SCALE 命令将图 3-18 中的左图修改为右图。

图3-18　按比例缩放图形

命令: _scale	//启动比例缩放命令
选择对象: 找到 1 个	//选择矩形 A，如图 3-18 左图所示
选择对象:	//按 $\boxed{\text{Enter}}$ 键
指定基点:	//捕捉交点 C
指定比例因子或[复制(C)/参照(R)] <1.0000>: 2	//输入缩放比例因子
命令: _SCALE	//重复命令
选择对象: 找到 4 个	//选择线框 B
选择对象:	//按 $\boxed{\text{Enter}}$ 键
指定基点:	//捕捉交点 D
指定比例因子或 [复制(C)/参照(R)] <2.0000>: r	//使用"参照(R)"选项
指定参照长度 <1.0000>:	//捕捉交点 D
指定第二点:	//捕捉交点 E
指定新的长度或 [点(P)] <1.0000>:	//捕捉交点 F

二、 命令选项

- 指定比例因子：直接输入缩放比例因子，AutoCAD 根据此比例因子缩放图形。若比例因子小于 1，则缩小对象；反之，则放大对象。
- 复制(C)：缩放对象的同时复制对象。
- 参照(R)：以参照方式缩放图形。用户输入参考长度及新长度，AutoCAD 把新长度与参考长度的比值作为缩放比例因子进行缩放。
- 点(P)：使用两点来定义新的长度。

3.2.4 上机练习——利用旋转、拉伸及对齐命令绘图

【练习3-12】： 使用 LINE、CIRCLE、COPY、ROTATE 及 ALIGN 命令绘制平面图形，如图 3-19 所示，主要作图步骤如图 3-20 所示。

图3-19 利用 COPY、ROTATE 及 ALIGN 命令绘图

图3-20 主要作图步骤

【练习3-13】： 使用 LINE、OFFSET、COPY、ROTATE 及 STRETCH 命令绘制平面图形，如图 3-21 所示，主要作图步骤如图 3-22 所示。

图3-21 利用 COPY、ROTATE 及 STRETCH 命令绘图

图3-22 主要作图步骤

【练习3-14】： 使用 LINE、OFFSET、COPY、ROTATE 及 ALIGN 命令绘制平面图形，如图 3-23 所示。

图3-23 利用 COPY、ROTATE 及 ALIGN 命令绘图

【练习3-15】： 使用 LINE、OFFSET、COPY 及 STRETCH 命令绘制平面图形，如图 3-24 所示。

图3-24 利用 COPY、COPY 及 STRETCH 命令绘图

3.3 绘制断裂线及填充剖面图案

可用 SPLINE 命令绘制光滑曲线，该线是样条线，AutoCAD 通过拟合给定的一系列数据点形成这条曲线。绘制机械图时，可利用 SPLINE 命令形成断裂线。

BHATCH 命令可在闭合的区域内生成填充图案。启动该命令后，用户选择图案类型，再指定填充比例、图案旋转角度及填充区域，就可生成图案填充。

HATCHEDIT 命令用于编辑填充图案，如改变图案的角度、比例或用其他样式的图案填充图形等，其用法与 BHATCH 命令类似。

命令启动的方法如表 3-3 所示。

表 3-3 启动命令的方法

方式	样条曲线	填充图案	编辑图案
菜单命令	【绘图】/【样条曲线】	【绘图】/【图案填充】	【修改】/【对象】/【图案填充】
面板	【绘图】面板上的 ∿ 按钮	【绘图】面板上的 按钮	【修改】面板上的 按钮
命令	SPLINE 或简写 SPL	BHATCH 或简写 BH	HATCHEDIT 或简写 HE

【练习3-16】： 打开附盘文件"dwg\第 3 章\3-16.dwg"，如图 3-25 左图所示，用 SPLINE 和 BHATCH 命令将左图修改为右图。

1. 绘制断裂线，如图 3-26 所示。

    命令：_spline   //绘制样条曲线

    指定第一个点或 [对象(O)]：   //单击 A 点

    指定下一点：   //单击 B 点

    指定下一点或 [闭合(C)/拟合公差(F)] <起点切向>： //单击 C 点

    指定下一点或 [闭合(C)/拟合公差(F)] <起点切向>： //单击 D 点

指定下一点或 [闭合(C)/拟合公差(F)] <起点切向>:　　　//按 Enter 键

指定起点切向:　　　　　　　　　　　　//移动鼠标光标调整起点切线方向，按 Enter 键

指定端点切向:　　　　　　　　　　　　//移动鼠标光标调整终点切线方向，按 Enter 键

修剪多余线条，结果如图 3-26 右图所示。

图3-25　绘制断裂线及填充剖面图案

图3-26　绘制断裂线

2. 启动图案填充命令，打开【图案填充和渐变色】对话框，如图 3-27 所示。

3. 单击【图案】下拉列表右边的 ⬚ 按钮，打开【填充图案选项板】对话框，进入【ANSI】选项卡，然后选择剖面图案 "ANSI31"，如图 3-28 所示。

图3-27　【图案填充和渐变色】对话框

图3-28　【填充图案选项板】对话框

4. 在【图案填充和渐变色】对话框的【角度】文本框中输入图案旋转角度值 90°，在【比例】文本框中输入数值 1.5。单击 ⬚ 按钮（拾取点），AutoCAD 提示 "拾取内部点"，在想要填充的区域内单击 E 点、F 点、G 点和 H 点，如图 3-29 所示，然后按 Enter 键。

【图案填充和渐变色】对话框的【角度】文本框中输入的数值并不是剖面线与 x 轴所夹的倾斜角度，而是剖面线以初始方向为起始位置的转动角度。该值可正、可负，若是正值，剖面线沿逆时针方向转动，否则按顺时针方向转动。对于 "ANSI31" 图案，当分别输入角度值 - 45°、90° 和 15° 时，剖面线与 x 轴的夹角分别是 0°、135° 和 60°。

5. 单击 预览 按钮，观察填充的预览图。

6. 单击鼠标右键，接受填充剖面图案，结果如图 3-29 所示。

7. 编辑剖面图案。选择剖面图案，单击【修改】面板上的 按钮，打开【图案填充编辑】对话框，将该对话框的【比例】文本框中的数值改为 0.5。单击 ［ 确定 ］ 按钮，结果如图 3-30 所示。

图3-29 填充剖面图案

图3-30 修改剖面图案

8. 创建其余填充图案。

3.4 关键点编辑方式

关键点编辑方式是一种集成的编辑模式，该模式包含了 5 种编辑方法。

- 拉伸。
- 移动。
- 旋转。
- 比例缩放。
- 镜像。

默认情况下，AutoCAD 的关键点编辑方式是开启的。当用户选择实体后，实体上将出现若干方框，这些方框被称为关键点。把鼠标十字游标靠近并捕捉关键点，然后单击鼠标左键，激活关键点编辑状态，此时，AutoCAD 自动进入【拉伸】编辑方式，连续按下 Enter 键，就可以在所有编辑方式间切换。此外，也可在激活关键点后，再单击鼠标右键，弹出快捷菜单，如图 3-31 所示，通过此菜单就能选择某种编辑方法。

在不同的编辑方式间切换时，AutoCAD 为每种编辑方法提供的选项基本相同，其中【基点(B)】和【复制(C)】选项是所有编辑方式所共有的。

图3-31 快捷菜单

- 【基点(B)】：使用该选项用户可以拾取某一个点作为编辑过程的基点。例如，当进入旋转编辑模式，要指定一个点作为旋转中心时，就使用【基点(B)】选项。默认情况下，编辑的基点是热关键点（选中的关键点）。
- 【复制(C)】：如果用户在编辑的同时还需复制对象，则选取此选项。

下面通过一个例子使读者熟悉关键点的各种编辑方式。

【练习3-17】：打开附盘文件"dwg\第 3 章\3-17.dwg"，如图 3-32 左图所示，利用关键点编辑方式将左图修改为右图。

图3-32　利用关键点编辑方式修改图形

3.4.1　利用关键点拉伸

在拉伸编辑模式下，当热关键点是线条的端点时，将有效地拉伸或缩短对象；如果热关键点是线条的中点、圆或圆弧的圆心或者属于块、文字、尺寸数字等实体时，这种编辑方式就只移动对象。

利用关键点拉伸线段。

1. 打开极轴追踪、对象捕捉及自动追踪功能。设置极轴追踪角度增量为 90°，对象捕捉方式为"端点"、"圆心"及"交点"。

　　　命令：　　　　　　　　　　　　　　　　　　　　//选择线段 *A*，如图 3-33 左图所示

　　　命令：　　　　　　　　　　　　　　　　　　　　//选中关键点 *B*

　　　** 拉伸 **　　　　　　　　　　　　　　　　　　//进入拉伸模式

　　　指定拉伸点或 [基点(B)/复制(C)/放弃(U)/退出(X)]：//向下移动鼠标光标并捕捉 *C* 点

2. 继续调整其他线段的长度，结果如图 3-33 右图所示。

图3-33　利用关键点拉伸对象

要点提示　打开正交状态后就可利用关键点拉伸方式很方便地改变水平或竖直线段的长度。

3.4.2　利用关键点移动及复制对象

关键点移动模式可以编辑单一对象或一组对象，在此方式下使用"复制(C)"选项就能在移动实体的同时进行复制。这种编辑模式的使用与普通的 MOVE 命令很相似。

利用关键点复制对象，结果如图 3-34 右图所示。

命令：　　　　　　　　　　　　　　//选择对象 D，如图 3-34 左图所示

命令：　　　　　　　　　　　　　　//选中一个关键点

** 拉伸 **

指定拉伸点或 [基点(B)/复制(C)/放弃(U)/退出(X)]：　//进入拉伸模式

** 移动 **　　　　　　　　　　　//按 Enter 键进入移动模式

指定移动点或 [基点(B)/复制(C)/放弃(U)/退出(X)]：c

　　　　　　　　　　　　　　　　//利用选项"复制(C)"进行复制

** 移动（多重）**

指定移动点或 [基点(B)/复制(C)/放弃(U)/退出(X)]：b　　　//使用选项"基点(B)"

指定基点：　　　　　　　　　　　　//捕捉对象 D 的圆心

** 移动（多重）**

指定移动点或 [基点(B)/复制(C)/放弃(U)/退出(X)]：@10,35　//输入相对坐标

** 移动（多重）**

指定移动点或 [基点(B)/复制(C)/放弃(U)/退出(X)]：@5,-20　//输入相对坐标

指定移动点或 [基点(B)/复制(C)/放弃(U)/退出(X)]：　　//按 Enter 键结束

图3-34　利用关键点复制对象

3.4.3　利用关键点旋转对象

旋转对象是绕旋转中心进行的，当使用关键点编辑模式时，热关键点就是旋转中心，用户也可以指定其他点作为旋转中心。这种编辑方法与 ROTATE 命令相似，它的优点在于一次可将对象旋转且复制到多个方位。

旋转操作中"参照(R)"选项有时非常有用，使用该选项用户可以旋转图形实体使其与某个新位置对齐。

利用关键点旋转对象，结果如图 3-35 右图所示。

命令：　　　　　　　　　　　　　　//选择对象 E，如图 3-35 左图所示

命令：　　　　　　　　　　　　　　//选中一个关键点

** 拉伸 **　　　　　　　　　　　//进入拉伸模式

指定拉伸点或 [基点(B)/复制(C)/放弃(U)/退出(X)]：_rotate

　　　　　　　　　　　　　　　　//单击鼠标右键，选择【旋转】选项

** 旋转 **　　　　　　　　　　　//进入旋转模式

指定旋转角度或 [基点(B)/复制(C)/放弃(U)/参照(R)/退出(X)]：c

　　　　　　　　　　　　　　//利用选项"复制(C)"进行复制

＊＊ 旋转（多重）＊＊

指定旋转角度或 [基点(B)/复制(C)/放弃(U)/参照(R)/退出(X)]：b

　　　　　　　　　　　　　　//使用"基点(B)"选项

指定基点：　　　　　　　　　//捕捉圆心 F

＊＊ 旋转（多重）＊＊

指定旋转角度或 [基点(B)/复制(C)/放弃(U)/参照(R)/退出(X)]：85　//输入旋转角度

＊＊ 旋转（多重）＊＊

指定旋转角度或 [基点(B)/复制(C)/放弃(U)/参照(R)/退出(X)]：170　//输入旋转角度

＊＊ 旋转（多重）＊＊

指定旋转角度或 [基点(B)/复制(C)/放弃(U)/参照(R)/退出(X)]：-150　//输入旋转角度

＊＊ 旋转（多重）＊＊

指定旋转角度或 [基点(B)/复制(C)/放弃(U)/参照(R)/退出(X)]：//按 Enter 键结束

图3-35　利用关键点旋转对象

3.4.4　利用关键点缩放对象

　　关键点编辑方式也提供了缩放对象的功能，当切换到缩放模式时，当前激活的热关键点是缩放的基点。用户可以输入比例系数对实体进行放大或缩小，也可利用"参照(R)"选项将实体缩放到某一尺寸。

　　利用关键点缩放模式缩放对象，结果如图 3-36 右图所示。

命令：　　　　　　　　　　　//选择圆 G，如图 3-36 左图所示

命令：　　　　　　　　　　　//选中任意一个关键点

＊＊ 拉伸 ＊＊　　　　　　　 //进入拉伸模式

指定拉伸点或 [基点(B)/复制(C)/放弃(U)/退出(X)]：_scale

　　　　　　　　　　　　　　//单击鼠标右键，选择【缩放】选项

＊＊ 比例缩放 ＊＊　　　　　 //进入比例缩放模式

指定比例因子或 [基点(B)/复制(C)/放弃(U)/参照(R)/退出(X)]：b

　　　　　　　　　　　　　　//使用"基点(B)"选项

指定基点：　　　　　　　　　//捕捉圆 G 的圆心

＊＊ 比例缩放 ＊＊

指定比例因子或 [基点(B)/复制(C)/放弃(U)/参照(R)/退出(X)]: 1.6
　　　　　　　　　　　　　　　　　　　　　//输入缩放比例值

图3-36　利用关键点缩放对象

3.4.5　利用关键点镜像对象

进入镜像模式后，AutoCAD 直接提示"指定第二点"。默认情况下，热关键点是镜像线的第一点，在拾取第二点后，此点便与第一点一起形成镜像线。如果用户要重新设定镜像线的第一点，就要通过"基点(B)"选项。

利用关键点镜像对象，结果如图 3-37 右图所示。

命令: 　　　　　　　　　　　　　　　　//选择要镜像的对象，如图 3-37 左图所示

命令: 　　　　　　　　　　　　　　　　//选中关键点 H

** 拉伸 ** 　　　　　　　　　　　　　　//进入拉伸模式

指定拉伸点或 [基点(B)/复制(C)/放弃(U)/退出(X)]: _mirror

　　　　　　　　　　　　　　//单击鼠标右键，选择【镜像】选项

** 镜像 ** 　　　　　　　　　　　　　　//进入镜像模式

指定第二点或 [基点(B)/复制(C)/放弃(U)/退出(X)]: c 　　//镜像并复制

** 镜像 (多重) **

指定第二点或 [基点(B)/复制(C)/放弃(U)/退出(X)]: 　　　　//捕捉 I 点

** 镜像 (多重) **

指定第二点或 [基点(B)/复制(C)/放弃(U)/退出(X)]: 　　　　//按 Enter 键结束

图3-37　利用关键点镜像对象

3.4.6　上机练习——利用关键点编辑方式绘图

【练习3-18】：利用关键点编辑方式绘图，如图 3-38 所示，主要作图步骤如图 3-39 所示。

图3-38　利用关键点编辑方式绘图（1）

图3-39　主要作图步骤

【练习3-19】：用 ROTATE、ALIGN 命令及关键点编辑方式绘图，如图 3-40 所示。

图3-40　利用关键点编辑方式绘图（2）

主要作图步骤如图 3-41 所示。

图3-41 主要作图步骤

【练习3-20】：利用关键点编辑方式绘图，如图 3-42 所示。

图3-42 利用关键点编辑方式绘图（3）

【练习3-21】：利用关键点编辑方式绘图，如图 3-43 所示。

图3-43 利用关键点编辑方式绘图（4）

3.5　编辑图形元素属性

AutoCAD 中的对象属性是指系统赋予对象的颜色、线型、图层、高度及文字样式等特性，例如，直线和曲线包含图层、线型及颜色等属性项目，而文本则具有图层、颜色、字体及字高等特性。一般可通过 PROPERTIES 命令改变对象属性，使用该命令时，AutoCAD 打开【特性】对话框，该对话框列出所选对象的所有属性，用户通过此对话框就可以很方便地进行修改。

改变对象属性的另一种方法是采用 MATCHPROP 命令，该命令可以使被编辑对象的属性与指定的源对象的属性完全相同，即把源对象属性传递给目标对象。

3.5.1　用 PROPERTIES 命令改变对象属性

下面通过修改非连续线的当前线型比例因子的例子来说明 PROPERTIES 命令的用法。

【练习3-22】：打开附盘文件"dwg\第 3 章\3-22.dwg"，如图 3-44 所示，用 PROPERTIES 命令将左图修改为右图。

1. 选择要编辑的非连续线，如图 3-44 左图所示。
2. 单击鼠标右键，选择【特性】选项，或输入 PROPERTIES 命令，AutoCAD 打开【特性】对话框，如图 3-45 所示。根据所选对象不同，【特性】对话框中显示的属性项目也不同，但有一些属性项目几乎是所有对象所拥有的，如颜色、图层、线型等。当在绘图区中选择单个对象时，【特性】对话框就显示此对象的特性；若选择多个对象，【特性】窗口将显示它们所共有的特性。
3. 单击【线型比例】文本框，该比例因子默认值是"1"，输入新线型比例因子"2"，按 Enter 键，图形窗口中非连续线立即更新，显示修改后的结果，如图 3-44 右图所示。

选择非连续线
当前对象线型比例因子＝1

修改结果
当前对象线型比例因子＝2

图3-44　修改非连续线外观

图3-45　【特性】对话框

3.5.2　对象特性匹配

MATCHPROP 命令是一个非常有用的编辑工具，用户可使用此命令将源对象的属性（如颜色、线型、图层及线型比例等）传递给目标对象。操作时，用户要选择两个对象，第一个为源对象，第二个是目标对象。

【练习3-23】：打开附盘文件"dwg\第 3 章\3-23.dwg"，如图 3-46 左图所示，用 MATCHPROP 命令将左图修改为右图。

1. 单击【常用】选项卡【剪贴板】面板上的 按钮，或输入 MATCHPROP 命令，AutoCAD 提示如下。

> 命令：'_matchprop
>
> 选择源对象：   //选择源对象，如图 3-46 左图所示
>
> 选择目标对象或 [设置(S)]：   //选择第一个目标对象
>
> 选择目标对象或 [设置(S)]：   //选择第二个目标对象
>
> 选择目标对象或 [设置(S)]：   //按 Enter 键结束

选择源对象后，鼠标光标变成类似"刷子"形状，此时选取接受属性匹配的目标对象，结果如图 3-46 右图所示。

2. 如果用户仅想使目标对象的部分属性与源对象相同，可在选择源对象后，输入"S"，此时，AutoCAD 打开【特性设置】对话框，如图 3-47 所示。默认情况下，AuotCAD 选中该对话框中所有源对象的属性进行复制，但用户也可指定仅将其中部分属性传递给目标对象。

图3-46 对象特性匹配

图3-47 【特性设置】对话框

3.6 综合训练——巧用编辑命令绘图

【练习3-24】：利用 LINE、CIRCLE 及 ARRAY 命令绘制平面图形，如图 3-48 所示。

图3-48 利用 LINE、CIRCLE 及 ARRAY 命令绘图

【练习3-25】： 利用 LINE、CIRCLE、ROTATE、STRETCH 及 ALIGN 命令绘制平面图形，如图 3-49 所示。

图3-49 用 LINE、CIRCLE、STRETCH 及 ALIGN 命令绘图

【练习3-26】： 利用 LINE、CIRCLE、ROTATE、STRETCH 及 ALIGN 命令绘制平面图形，如图 3-50 所示。

图3-50 用 LINE、CIRCLE、STRETCH 及 ALIGN 命令绘图

3.7 综合训练——绘制视图及剖视图

【练习3-27】： 根据轴测图绘制三视图，如图 3-51 所示。

图3-51 绘制三视图（1）

【练习3-28】：根据轴测图绘制三视图，如图 3-52 所示。

图3-52 绘制三视图（2）

【练习3-29】：根据轴测图及视图轮廓绘制视图及剖视图，如图 3-53 所示，主视图采用全剖方式。

图3-53 绘制视图及剖视图（1）

【练习3-30】：参照轴测图，采用适当表达方案将机件表达清楚，如图 3-54 所示。

图3-54 绘制视图及剖视图（2）

【练习3-31】：参照轴测图，采用适当表达方案将机件表达清楚，如图 3-55 所示。

图3-55　绘制视图及剖视图（3）

3.8　综合训练——绘制端罩零件图

【练习3-32】：绘制端罩零件图，如图 3-56 所示。

图3-56　端罩零件图

77

主要作图步骤如图 3-57 所示。

图3-57 主要作图步骤

3.9 习题

1. 绘制如图 3-58 所示的图形。

图3-58 绘制对称图形

2. 绘制如图 3-59 所示的图形。

图3-59 创建矩形及环形阵列

3. 绘制如图 3-60 所示的图形。

图3-60　创建多边形及阵列对象

4. 绘制如图 3-61 所示的图形。

图3-61　绘制圆、切线及阵列对象

5. 绘制如图 3-62 所示的图形。

图3-62　创建椭圆及阵列对象

6. 绘制如图 3-63 所示的图形。

图3-63 填充剖面图案及阵列对象

7. 根据轴测图绘制三视图，如图 3-64 所示。

图3-64 绘制三视图（1）

8. 根据轴测图绘制三视图，如图 3-65 所示。

图3-65 绘制三视图（2）

第4章 绘制及编辑多段线、点对象及面域

【学习目标】
- 创建多段线及编辑多段线。
- 创建多线及编辑多线。
- 生成等分点和测量点。
- 创建圆环及圆点。
- 利用面域对象构建图形。

4.1 多段线、多线及射线

本节介绍多段线、多线及射线的绘制方法。

4.1.1 创建及编辑多段线

PLINE 命令用来创建二维多段线。多段线是由几段直线和圆弧构成的连续线条，它是一个单独的图形对象。对于图 4-1 中的长槽及箭头就可以使用 PLINE 命令一次绘制出来。

在绘制图 4-1 所示图形的外轮廓时，可利用多段线构图。用户首先用 LINE、CIRCLE 命令形成外轮廓线框，然后用 PEDIT 命令将此线框编辑成一条多段线，用 OFFSET 命令偏移多段线就形成了内轮廓线框。

命令启动的方法如表 4-1 所示。

表 4-1　　　　　　　　　　　　启动命令的方法

方式	多段线	编辑多段线
菜单命令	【绘图】/【多段线】	【修改】/【对象】/【多段线】
面板	【绘图】面板上的 button 按钮	【修改】面板上的 button 按钮
命令	PLINE 或简写 PL	PEDIT 或简写 PE

【练习4-1】：　使用 LINE、PLINE 及 PEDIT 命令绘制图 4-1 所示的图形。

1. 创建下面两个图层。

名称	颜色	线型	线宽
轮廓线层	白色	Continuous	0.5
中心线层	红色	Center	默认

2. 设定线型总体比例因子为 0.2，设定绘图区域大小为 100×100，单击【视图】选项卡中【导航】面板上的 range 范围 按钮使绘图区域充满整个图形窗口。

3. 打开极轴追踪、对象捕捉及自动追踪功能。设置极轴追踪角度增量为 90°，设置对象

捕捉方式为"端点"和"交点"。

4. 利用 LINE、CIRCLE 及 TRIM 命令绘制定位中心线及闭合线框 A，如图 4-2 所示。

图4-1 利用多段线构图

图4-2 画闭合线框 A

5. 用 PEDIT 命令将线框 A 编辑成一条多段线。

命令：pedit	//启动编辑多段线命令
选择多段线或 [多条(M)]：	//选择线框 A 中的一条线段
是否将其转换为多段线？ <Y>	//按 Enter 键

输入选项 [闭合(C)/合并(J)/宽度(W)/编辑顶点(E)/拟合(F)/样条曲线(S)/非曲线化(D)/

线型生成(L)/放弃(U)]：j	//使用选项"合并(J)"
选择对象：总计 11 个	//选择线框 A 中的其余线条
选择对象：	//按 Enter 键

输入选项 [打开(O)/合并(J)/宽度(W)/编辑顶点(E)/拟合(F)/样条曲线(S)/非曲线化(D)/

线型生成(L)/放弃(U)]： //按 Enter 键结束

6. 用 OFFSET 命令向内偏移线框 A，偏移距离为 2，结果如图 4-3 所示。

7. 用 PLINE 命令绘制长槽及箭头，如图 4-4 所示。

命令：_pline	//启动绘制多段线命令
指定起点：7	//从 B 点向右追踪并输入追踪距离
指定下一个点或 [圆弧(A)/半宽(H)/长度(L)/放弃(U)/宽度(W)]：	
	//从 C 点向上追踪并捕捉交点 D
指定下一点或 [圆弧(A)/闭合(C)/半宽(H)/长度(L)/放弃(U)/宽度(W)]：a	
	//使用"圆弧(A)"选项

指定圆弧的端点或[角度(A)/圆心(CE)/闭合(CL)/方向(D)/半宽(H)/直线(L)/半径(R)/第

二个点(S)/放弃(U)/宽度(W)]：14 //从 D 点向左追踪并输入追踪距离

指定圆弧的端点或[角度(A)/圆心(CE)/闭合(CL)/方向(D)/半宽(H)/直线(L)/半径(R)/第

二个点(S)/放弃(U)/宽度(W)]：l //使用"直线(L)"选项

指定下一点或 [圆弧(A)/闭合(C)/半宽(H)/长度(L)/放弃(U)/宽度(W)]：	
	//从 E 点向下追踪并捕捉交点 F
指定下一点或 [圆弧(A)/闭合(C)/半宽(H)/长度(L)/放弃(U)/宽度(W)]：a	
	//使用"圆弧(A)"选项

指定圆弧的端点或[角度(A)/圆心(CE)/闭合(CL)/方向(D)/半宽(H)/直线(L)/半径(R)/第
二个点(S)/放弃(U)/宽度(W)]:   //从 F 点向右追踪并捕捉端点 C

指定圆弧的端点或[角度(A)/圆心(CE)/闭合(CL)/方向(D)/半宽(H)/直线(L)/半径(R)/第
二个点(S)/放弃(U)/宽度(W)]:   //按 Enter 键结束

命令:PLINE   //重复命令

指定起点: 20   //从 G 点向下追踪并输入追踪距离

指定下一个点或 [圆弧(A)/半宽(H)/长度(L)/放弃(U)/宽度(W)]: w

                //使用"宽度(W)"选项

指定起点宽度 <0.0000>: 5   //输入多段线起点宽度值

指定端点宽度 <5.0000>:   //按 Enter 键

指定下一个点或 [圆弧(A)/半宽(H)/长度(L)/放弃(U)/宽度(W)]: 12

                //向右追踪并输入追踪距离

指定下一点或 [圆弧(A)/闭合(C)/半宽(H)/长度(L)/放弃(U)/宽度(W)]: w

                //使用"宽度(W)"选项

指定起点宽度 <5.0000>: 10   //输入多段线起点宽度值

指定端点宽度 <10.0000>: 0   //输入多段线终点宽度值

指定下一点或 [圆弧(A)/闭合(C)/半宽(H)/长度(L)/放弃(U)/宽度(W)]: 15

                //向右追踪并输入追踪距离

指定下一点或 [圆弧(A)/闭合(C)/半宽(H)/长度(L)/放弃(U)/宽度(W)]:

                //按 Enter 键结束

图4-3 偏移线框

图4-4 绘制长槽及箭头

4.1.2 创建多线样式及多线

MLINE 命令用于创建多线。多线是由多条平行直线组成的对象，最多可包含 16 条平行线，线间的距离、线的数量、线条颜色及线型等都可以调整。该命令常用于绘制墙体、公路或管道等。

MLSTYLE 命令生成多线样式。多线的外观由多线样式决定，在多线样式中用户可以设定多线中线条的数量、每条线的颜色和线型、线间的距离等，还能指定多线两个端头的形式，如弧形端头、平直端头等。

命令启动的方法如表 4-2 所示。

表 4-2 启动命令的方法

方式	多线样式	多线
菜单命令	【格式】/【多线样式】	【绘图】/【多线】
命令	MLSTYLE	MLINE 或简写 ML

【练习4-2】: 创建多线样式及多线。

1. 打开附盘文件 "dwg\第 4 章\4-2.dwg"。

2. 启动 MLSTYLE 命令，系统弹出【多线样式】对话框，如图 4-5 所示。

3. 单击 新建⑩... 按钮，弹出【创建新的多线样式】对话框，如图 4-6 所示。在【新样式名】文本框中输入新样式的名称 "样式-240"，在【基础样式】下拉列表中选择样板样式，默认的样板样式是【STANDARD】。

图4-5 【多线样式】对话框

图4-6 【创建新的多线样式】对话框

4. 单击 继续 按钮，弹出【新建多线样式】对话框，如图 4-7 所示。在该对话框中完成以下任务。

(1) 在【说明】文本框中输入关于多线样式的说明文字。

(2) 在【图元】列表框中选中 "0.5"，然后在【偏移】文本框中输入数值 120。

(3) 在【图元】列表框中选中 "-0.5"，然后在【偏移】文本框中输入数值 - 120。

图4-7 【新建多线样式】对话框

5. 单击 确定 按钮，返回【多线样式】对话框，单击 置为当前(U) 按钮，使新样式成为当前样式。

6. 前面创建了多线样式，下面用 MLINE 命令生成多线。

```
命令: _mline
指定起点或 [对正(J)/比例(S)/样式(ST)]: s          //选用"比例(S)"选项
输入多线比例 <20.00>: 1                           //输入缩放比例值
指定起点或 [对正(J)/比例(S)/样式(ST)]: j          //选用"对正(J)"选项
输入对正类型 [上(T)/无(Z)/下(B)] <无>: z          //设定对正方式为"无"
指定起点或 [对正(J)/比例(S)/样式(ST)]:            //捕捉 A 点，如图 4-8 右图所示
指定下一点:                                        //捕捉 B 点
指定下一点或 [放弃(U)]:                            //捕捉 C 点
指定下一点或 [闭合(C)/放弃(U)]:                    //捕捉 D 点
指定下一点或 [闭合(C)/放弃(U)]:                    //捕捉 E 点
指定下一点或 [闭合(C)/放弃(U)]:                    //捕捉 F 点
指定下一点或 [闭合(C)/放弃(U)]: c                  //使多线闭合
命令:MLINE                                        //重复命令
指定起点或 [对正(J)/比例(S)/样式(ST)]:            //捕捉 G 点
指定下一点:                                        //捕捉 H 点
指定下一点或 [放弃(U)]:                            //按 Enter 键结束
命令:MLINE                                        //重复命令
指定起点或 [对正(J)/比例(S)/样式(ST)]:            //捕捉 I 点
指定下一点:                                        //捕捉 J 点
指定下一点或 [放弃(U)]:                            //按 Enter 键结束
```

结果如图 4-8 右图所示。保存文件，该文件在后面将继续使用。

图4-8　绘制多线

【新建多线样式】对话框中的选项如下。

- 添加(A) 按钮：单击此按钮，系统在多线中添加一条新线，该线的偏移量可在【偏移】文本框中输入。
- 删除(D) 按钮：删除【图元】分组框中选定的线元素。
- 【颜色】下拉列表：通过此列表修改【图元】分组框中选定线元素的颜色。
- 线型(Y)... 按钮：指定【图元】分组框中选定线元素的线型。
- 显示连接：选中该选项，则系统在多线拐角处显示连接线，如图 4-9 左图所示。
- 直线：在多线的两端产生直线封口形式，如图 4-9 右图所示。
- 外弧：在多线的两端产生外圆弧封口形式，如图 4-9 右图所示。

- 内弧：在多线的两端产生内圆弧封口形式，如图 4-9 右图所示。
- 角度：该角度是指多线某一端的端口连线与多线的夹角，如图 4-9 右图所示。
- 【填充颜色】下拉列表：通过此列表设置多线的填充色。

图4-9　多线的各种特性

多线命令选项的主要功能如下。

- 对正(J)：设定多线对正方式，即多线中哪条线段的端点与鼠标光标重合并随鼠标光标移动，该选项有 3 个子选项。
    - ◇　上(T)：若从左往右绘制多线，则对正点将在最顶端线段的端点处。
    - ◇　无(Z)：对正点位于多线中偏移量为 0 的位置处，多线中线条的偏移量可在多线样式中设定。
    - ◇　下(B)：若从左往右绘制多线，则对正点将在最底端线段的端点处。
- 比例(S)：指定多线宽度相对于定义宽度（在多线样式中定义）的比例因子，该比例不影响线型比例。
- 样式(ST)：该选项使用户可以选择多线样式，默认样式是 "STANDARD"。

4.1.3　编辑多线

MLEDIT 命令用于编辑多线，其主要功能如下。

(1) 改变两条多线的相交形式，例如使它们相交成 "十" 字形或 "T" 字形。
(2) 在多线中加入控制顶点或删除顶点。
(3) 将多线中的线条切断或接合。

命令启动方法

- 菜单命令：【修改】/【对象】/【多线】。
- 命令：MLEDIT。

继续前面的练习，下面用 MLEDIT 命令编辑多线。

1. 启动 MLEDIT 命令，打开【多线编辑工具】对话框，如图 4-10 所示，该对话框中的小型图片形象地说明了各项编辑功能。
2. 选择【T 形合并】，AutoCAD 提示如下。

```
命令: _mledit
选择第一条多线:                          //在 A 点处选择多线，如图 4-11 左图所示
选择第二条多线:                          //在 B 点处选择多线
选择第一条多线 或 [放弃(U)]:            //在 C 点处选择多线
```

选择第二条多线:	//在 D 点处选择多线
选择第一条多线 或 [放弃(U)]:	//在 E 点处选择多线
选择第二条多线:	//在 F 点处选择多线
选择第一条多线 或 [放弃(U)]:	//在 G 点处选择多线
选择第二条多线:	//在 H 点处选择多线
选择第一条多线 或 [放弃(U)]:	//按 Enter 键结束

结果如图 4-11 右图所示。

图4-10　【多线编辑工具】对话框

图4-11　编辑多线

4.1.4　绘制射线

RAY 命令创建无限延伸的单向射线。操作时，用户只需指定射线的起点及另一通过点即可，该命令可一次创建多条射线。

命令启动方法

- 菜单命令:【绘图】/【射线】。
- 面板:【绘图】面板上的 ✎ 按钮。
- 命令: RAY。

【练习4-3】: 绘制两个圆，然后用 RAY 命令绘制射线，如图 4-12 所示。

图4-12　绘制射线

命令：_ray 指定起点：cen 于	//捕捉圆心
指定通过点：<20	//设定画线角度
指定通过点：	//单击 A 点
指定通过点：<110	//设定画线角度
指定通过点：	//单击 B 点
指定通过点：<130	//设定画线角度
指定通过点：	//单击 C 点
指定通过点：<-100	//设定画线角度
指定通过点：	//单击 D 点
指定通过点：	//按 Enter 键结束

4.1.5 分解多线及多段线

EXPLODE 命令（简写 X）可将多线、多段线、块、标注及面域等复杂对象分解成 AutoCAD 基本图形对象。例如，连续的多段线是一个单独对象，用 EXPLODE 命令"炸开"后，多段线的每一段都是独立对象。

输入 EXPLODE 命令或单击【修改】面板上的 按钮，系统提示"选择对象"，用户选择图形对象后，AutoCAD 进行分解。

4.1.6 上机练习——绘制多段线及射线

【练习4-4】： 使用 LINE、CIRCLE 及 PEDIT 命令绘制平面图形，如图 4-13 所示，主要作图步骤如图 4-14 所示。

图4-13 使用 LINE 及 PEDIT 等命令绘图

绘制线框 *A*、*B*，并将其编
辑成多段线

用 OFFSET 命令偏移多段线

画圆，旋转并复制圆

图4-14　主要作图步骤

【练习4-5】：　使用 LINE、CIRCLE、PLINE 及 RAY 命令绘制平面图形，如图 4-15 所示。

图4-15　用 PLINE 及 RAY 命令绘图

【练习4-6】：　利用 LINE、CIRCLE 及 PEDIT 命令绘制平面图形，如图 4-16 所示。

图4-16　用 LINE 及 PEDIT 命令绘图

4.2 点对象、等分点及测量点

在 AutoCAD 中可用 POINT 命令创建单独的点对象，这些点可用"NOD"进行捕捉。点的外观由点样式控制，一般在创建点之前要先设置点的样式，也可先绘制点，再设置点样式。

DIVIDE 命令根据等分数目在图形对象上放置等分点，这些点并不分割对象，只是标明等分的位置。AutoCAD 中可等分的图形元素包括直线、圆、圆弧、样条线及多段线等。

MEASURE 命令在图形对象上按指定的距离放置点对象，对于不同类型的图形元素，距离测量的起始点是不同的。当操作对象为直线、圆弧或多段线时，起始点位于距选择点最近的端点。如果是圆，则一般从 0°角开始进行测量。

命令启动的方法如表 4-3 所示。

表 4-3 启动命令的方法

方式	点对象	等分点	测量点
菜单命令	【绘图】/【点】/【多点】	【绘图】/【点】/【定数等分】	【绘图】/【点】/【定距等分】
面板	【绘图】面板上的 · 按钮	【绘图】面板上的 按钮	【绘图】面板上的 按钮
命令	POINT 或简写 PO	DIVIDE 或简写 DIV	MEASURE 或简写 ME

【练习4-7】： 打开附盘文件"dwg\第 4 章\4-7.dwg"，如图 4-17 左图所示，用 POINT、DIVIDE 及 MEASURE 命令将左图修改为右图。

1. 设置点样式。选择菜单命令【格式】/【点样式】，打开【点样式】对话框，如图 4-18 所示，该对话框提供了多种样式的点，用户可根据需要选择其中一种。此外，还能通过【点大小】文本框指定点的大小。点的大小既可相对于屏幕大小来设置，也可直接输入点的绝对尺寸。

半圆弧沿多线段均布

图4-17 创建点对象

图4-18 【点样式】对话框

2. 创建等分点及测量点，如图 4-19 左图所示。

命令：_divide	//启动创建等分点命令
选择要定数等分的对象：	//选择多段线 A，如图 4-19 左图所示
输入线段数目或 [块(B)]: 10	//输入等分的数目
命令：_measure	//启动创建测量点命令
选择要定距等分的对象：	//在 B 端处选择线段
指定线段长度或 [块(B)]: 36	//输入测量长度

命令：MEASURE	//重复命令
选择要定距等分的对象：	//在 C 端处选择线段
指定线段长度或［块(B)］：36	//输入测量长度

3. 绘制适当大小的圆及圆弧，结果如图 4-19 右图所示。

图4-19　创建等分点并绘制圆

4.3 绘制圆环及圆点

DONUT 命令创建填充圆环或实心填充圆。启动该命令后，用户依次输入圆环内径、外径及圆心，AutoCAD 就生成圆环。若要画实心圆，则指定内径为"0"即可。

命令启动方法

- 菜单命令：【绘图】/【圆环】。
- 面板：【绘图】面板上的◎按钮。
- 命令：DONUT 或简写 DO。

【练习4-8】：　练习 DONUT 命令。

命令：_donut	//启动创建圆环命令
指定圆环的内径 <2.0000>：3	//输入圆环内径
指定圆环的外径 <5.0000>：6	//输入圆环外径
指定圆环的中心点或<退出>：	//指定圆心
指定圆环的中心点或<退出>：	//按 Enter 键结束

结果如图 4-20 所示。

图4-20　绘制圆环

DONUT 命令生成的圆环实际上是具有宽度的多段线，可用 PEDIT 命令编辑该对象。此外，还可以设定是否对圆环进行填充，当把变量 FILLMODE 设置为"1"时，系统将填充圆环；反之，则不填充。

4.4 面域造型

域（REGION）是指二维的封闭图形，它可由直线、多段线、圆、圆弧及样条曲线等对象围成，但应保证相邻对象间共享连接的端点，否则将不能创建域。域是一个单独的实体，具有面积、周长、形心等几何特征，使用它作图与传统的作图方法是截然不同的，此时可采用"并"、"交"、"差"等布尔运算来构造不同形状的图形，图 4-21 显示了 3 种布尔运算的结果。

图4-21　布尔运算

4.4.1 创建面域

REGION 命令生成面域，启动该命令后，用户选择一个或多个封闭图形，就能创建出面域。

【练习4-9】：　打开附盘文件"dwg\第 4 章\4-9.dwg"，如图 4-22 所示，用 REGION 命令将该图创建成面域。

单击【绘图】面板上的 按钮或输入命令代号 REGION，启动创建面域命令。

命令：_region
选择对象：找到 7 个　　　　　　　　　　　　//选择矩形及两个圆，如图 4-22 所示
选择对象：　　　　　　　　　　　　　　　　//按 Enter 键结束

图 4-22 中包含了 3 个闭合区域，因而 AutoCAD 创建了 3 个面域。

图4-22　创建面域

面域是以线框的形式显示出来，用户可以对面域进行移动、复制等操作，还可用 EXPLODE 命令分解面域，使其还原为原始图形对象。

4.4.2 并运算

并运算将所有参与运算的面域合并为一个新面域。

【练习4-10】：　打开附盘文件"dwg\第 4 章\4-10.dwg"，如图 4-23 左图所示，用 UNION 命令将左图修改为右图。

选择菜单命令【修改】/【实体编辑】/【并集】或输入命令代号 UNION，启动并运算命令。

命令：union
选择对象：找到 7 个　　　　　　　　　　　　//选择 5 个面域，如图 4-23 左图所示
选择对象：　　　　　　　　　　　　　　　　//按 Enter 键结束

结果如图 4-23 右图所示。

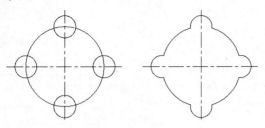

图4-23　执行并运算

4.4.3　差运算

用户可利用差运算从一个面域中去掉一个或多个面域，从而形成一个新面域。

【练习4-11】：打开附盘文件"dwg\第 4 章\4-11.dwg"，如图 4-24 左图所示，用 SUBTRACT 命令将左图修改为右图。

选择菜单命令【修改】/【实体编辑】/【差集】或输入命令代号 SUBTRACT，启动差运算命令。

```
命令: subtract
选择对象：找到 1 个                    //选择大圆面域，如图 4-24 左图所示
选择对象：                             //按 Enter 键
选择对象:总计 4 个                     //选择 4 个小圆面域
选择对象                               //按 Enter 键结束
```

结果如图 4-24 右图所示。

图4-24　执行差运算

4.4.4　交运算

交运算可以求出各个相交面域的公共部分。

【练习4-12】：打开附盘文件"dwg\第 4 章\4-12.dwg"，如图 4-25 左图所示，用 INTERSECT 命令将左图修改为右图。

选择菜单命令【修改】/【实体编辑】/【交集】或输入命令代号 INTERSECT，启动交运算命令。

```
命令: intersect
选择对象：找到 2 个                    //选择圆面域及矩形面域，如图 4-25 左图所示
选择对象：                             //按 Enter 键结束
```

结果如图 4-25 右图所示。

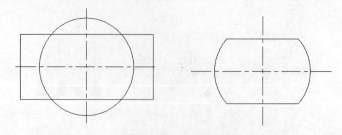

图4-25 执行交运算

4.4.5 面域造型应用实例

面域造型的特点是通过面域对象的并、交或差运算来创建图形，当图形边界比较复杂时，这种作图法的效率是很高的。要采用这种方法作图，首先必须对图形进行分析，以确定应生成哪些面域对象，然后考虑如何进行布尔运算形成最终的图形。例如，对于图 4-26 所示的图形，可看成是由一系列矩形面域组成，对这些面域进行并运算就形成了所需的图形。

【练习4-13】： 利用面域造型法绘制图 4-26 所示的图形。

1. 绘制两个矩形并将它们创建成面域，如图 4-27 所示。
2. 阵列矩形，再进行镜像操作，如图 4-28 所示。

图4-26 面域及布尔运算

图4-27 创建面域

3. 对所有矩形面域执行并运算，结果如图 4-29 所示。

图4-28 阵列面域

图4-29 执行并运算

4.5 综合训练——创建多段线、圆点及面域

【练习4-14】： 使用 LINE、PLINE 及 DONUT 命令绘制平面图形，如图 4-30 所示，图中箭头及实心矩形用 PLINE 命令绘制。

图4-30　使用 PLINE 及 DONUT 命令绘图

【练习4-15】： 使用 PLINE、DONUT 及 ARRAY 命令绘制平面图形，如图 4-31 所示。

图4-31　使用 PLINE 及 DONUT 命令绘图

【练习4-16】： 使用 LINE、PEDIT 及 DIVIDE 命令绘制平面图形，如图 4-32 所示。

图4-32　使用 PEDIT 及 DIVIDE 命令绘图

【练习4-17】： 使用 LINE、PLINE 及 DONUT 命令绘制平面图形，尺寸自定，如图 4-33 所示，图形轮廓及箭头都是多段线。

图4-33 使用 PLINE 及 DONUT 命令绘图

【练习4-18】： 使用面域造型法绘制如图 4-34 所示的图形。

图4-34 面域及布尔运算

4.6 综合训练——绘制三视图及剖视图

【练习4-19】： 根据轴测图及视图轮廓绘制视图及剖视图，如图 4-35 所示，主视图采用全剖方式。

图4-35 绘制视图及剖视图

【练习4-20】：　根据轴测图绘制三视图，如图 4-36 所示。

图4-36　绘制三视图（1）

【练习4-21】：　根据轴测图绘制三视图，如图 4-37 所示。

图4-37　绘制三视图（2）

【练习4-22】：　根据轴测图绘制三视图，如图 4-38 所示。

图4-38　绘制三视图（3）

【练习4-23】：根据轴测图绘制三视图，如图 4-39 所示。

图4-39 绘制三视图（4）

4.7 综合训练——绘制 V 形导轨零件图

【练习4-24】：绘制 V 形导轨零件图，如图 4-40 所示。

图4-40 V 形导轨零件图

主要作图步骤如图 4-41 所示。

图4-41 主要作图步骤

4.8 习题

1. 利用 LINE、PEDIT 及 OFFSET 命令绘制平面图形，如图 4-42 所示。

图4-42 使用 PEDIT 及 OFFSET 命令绘图

2. 利用 MLINE、PLINE 及 DONUT 命令绘制平面图形，如图 4-43 所示。

图4-43 使用 MLINE、DONUT 命令绘图

3. 利用 DIVIDE、DONUT、REGION 及 UNION 命令绘制平面图形，如图 4-44 所示。

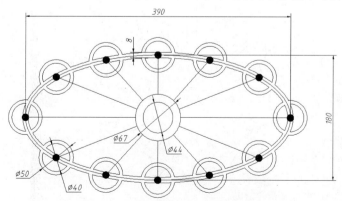

图4-44 使用 DIVIDE、REGION 及 UNION 命令绘图

4. 利用面域造型法绘制如图 4-45 所示的图形。

图4-45 面域及布尔运算（1）

5. 利用面域造型法绘制如图 4-46 所示的图形。

图4-46 面域及布尔运算（2）

6. 利用面域造型法绘制如图 4-47 所示的图形。

图4-47 面域造型

7. 根据轴测图绘制三视图，如图 4-48 所示。

图4-48 绘制三视图（1）

8. 根据轴测图绘制三视图，如图 4-49 所示。

图4-49 绘制三视图（2）

第5章　绘制复杂平面图形的方法及技巧

【学习目标】

- 用 AutoCAD 绘制复杂平面图形的一般步骤。
- 绘制复杂圆弧连接。
- 用 OFFSET、TRIM 命令快速作图的技巧。
- 绘制对称图形及有均布特征的图形。
- 用 COPY、STRETCH 等命令从已有图形生成新图形。
- 绘制倾斜图形的技巧。
- 绘制组合体视图及剖视图。

5.1　绘制复杂图形的一般步骤

平面图形是由直线、圆、圆弧、多边形等图形元素组成的，作图时应从哪一部分入手呢？怎样才能更高效地绘图呢？一般应采取以下作图步骤。

(1) 首先绘制图形的主要作图基准线，然后利用基准线定位形成其他图形元素。一般情况下，图形的对称线、大圆中心线、重要轮廓线等可作为绘图基准线。

(2) 绘制出主要轮廓线，形成图形的大致形状。一般不应从某一局部细节开始绘图。

(3) 绘制出图形主要轮廓后就可开始绘制细节。先把图形细节分成几部分，然后依次绘制。对于复杂的细节，可先绘制作图基准线，再形成完整细节。

(4) 修饰平面图形。用 BREAK、LENGTHEN 等命令打断及调整线条长度，再改正不适当的线型，然后修剪、擦去多余线条。

【练习5-1】：　使用 LINE、CIRCLE、OFFSET 及 TRIM 命令绘制如图 5-1 所示的图形。

1. 创建下面两个图层。

名称	颜色	线型	线宽
轮廓线层	白色	Continuous	0.5
中心线层	红色	Center	默认

2. 设定线型总体比例因子为 0.2，设定绘图区域大小为 150×150，并使该区域充满整个图形窗口。

3. 打开极轴追踪、对象捕捉及自动追踪功能。指定极轴追踪角度增量为 90°，设定对象捕捉方式为"端点"和"交点"。

4. 切换到轮廓线层，绘制两条作图基准线 A 和 B，如图 5-2 左图所示。线段 A、B 的长度约为 200。

5. 利用 OFFSET、LINE 及 CIRCLE 命令绘制图形的主要轮廓，如图 5-2 右图所示。

图5-1　绘制平面图形的一般步骤（1）　　　　　　　　图5-2　绘制图形的主要轮廓

6. 利用 OFFSET 及 TRIM 命令绘制图形 *C*，如图 5-3 左图所示。再依次绘制图形 *D* 和 *E*，如图 5-3 右图所示。

7. 绘制两条定位线 *F* 和 *G*，如图 5-4 左图所示。用 CIRCLE、OFFSET 及 TRIM 命令绘制图形 *H*，如图 5-4 右图所示。

图5-3　绘制细节 *C*、*D*、*E*

图5-4　绘制细节 *H*

【练习5-2】：　绘制如图 5-5 所示的图形。

图5-5　绘制平面图形的一般步骤（2）

主要作图步骤如图 5-6 所示。

图5-6　主要绘图过程

5.2　绘制复杂的圆弧连接

平面图中图形元素的相切关系是一类典型的几何关系，如直线与圆弧相切，圆弧与圆弧相切等，绘制此类图形的步骤如下。

(1)　绘制主要圆的定位线。

(2)　绘制圆，并根据已绘制的圆画切线及过渡圆弧。

(3)　绘制图形的其他细节。首先把图形细节分成几个部分，然后依次绘制。对于复杂的细节，可先绘制出作图基准线，再形成完整细节。

(4)　修饰平面图形。用 BREAK、LENGTHEN 等命令打断及调整线条长度，再改正不适当的线型，然后修剪、擦去多余线条。

【练习5-3】：　使用 LINE、CIRCLE、OFFSET 及 TRIM 命令绘制如图 5-7 所示的图形。

1.　创建下面两个图层。

名称	颜色	线型	线宽
轮廓线层	绿色	Continuous	0.5
中心线层	红色	Center	默认

2.　设定线型总体比例因子为 0.2，设定绘图区域大小为 150×150，并使该区域充满整个图形窗口。

3.　打开极轴追踪、对象捕捉及自动追踪功能。指定极轴追踪角度增量为 90°，设定对象捕捉方式为"端点"和"交点"。

4.　切换到轮廓线层，用 LINE、OFFSET 及 LENGTHEN 命令绘制圆的定位线，如图 5-8 左图所示。绘制圆及过渡圆弧 A 和 B，如图 5-8 右图所示。

图5-7　绘制圆弧连接　　　　　　　　　　　图5-8　绘制圆的定位线及圆等

5. 用 OFFSET、XLINE 等命令绘制定位线 *C*、*D*、*E*，如图 5-9 左图所示。然后绘制圆 *F* 及线框 *G*、*H*，如图 5-9 右图所示。

6. 绘制定位线 *I*、*J*，如图 5-10 左图所示。然后绘制线框 *K*，如图 5-10 右图所示。

图5-9　绘制圆 *F* 及线框 *G*、*H* 等　　　　　　图5-10　绘制线框 *K*

【练习5-4】：　使用 LINE、CIRCLE、OFFSET 及 TRIM 命令绘制如图 5-11 所示的图形。

图5-11　绘制圆及圆弧连接

主要作图步骤如图 5-12 所示。

图5-12　主要作图步骤

5.3　用 OFFSET 及 TRIM 命令快速作图

如果要绘制如图 5-13 所示的图形，用户可采取两种作图方式。一种是用 LINE 命令将图中的每条线准确地绘制出来，这种作图方法往往效率较低。实际作图时，常用 OFFSET 和 TRIM 命令来构建图形，采用此法绘图的主要步骤如下。

(1)　绘制作图基准线。

(2)　用 OFFSET 命令平移基准线创建新的图形实体，然后用 TRIM 命令剪掉多余线条形成精确图形。

这种作图方法有一个显著的优点：仅反复使用两个命令就可完成几乎 90%的工作。下面通过绘制图 5-13 所示的图形来演示此法。

【练习5-5】：　利用 LINE、OFFSET 及 TRIM 命令绘制如图 5-13 所示的图形。

图5-13　用 OFFSET 及 TRIM 等命令快速作图（1）

1. 创建下面两个图层。

名称	颜色	线型	线宽
轮廓线层	绿色	Continuous	0.5
中心线层	红色	Center	默认

2. 设定线型总体比例因子为 0.2，设定绘图区域大小为 180×180，并使该区域充满整个图形窗口。

3. 打开极轴追踪、对象捕捉及自动追踪功能。指定极轴追踪角度增量为 90°，设定对象捕捉方式为"端点"和"交点"。

4. 切换到轮廓线层，绘制水平及竖直作图基准线 A 和 B，两线长度分别为 90、60 左右，如图 5-14 左图所示。用 OFFSET 及 TRIM 命令绘制图形 C，如图 5-14 右图所示。

图5-14 画作图基准线及细节 C

5. 用 XLINE 命令绘制作图基准线 D 和 E，两线相互垂直，如图 5-15 左图所示。用 OFFSET、TRIM 及 BREAK 命令绘制图形 F，如图 5-15 右图所示。

图5-15 绘制图形细节 F

6. 用 LINE 命令绘制线段 G 和 H，这两条线段是下一步作图的基准线，如图 5-16 左图所示。用 OFFSET、TRIM 命令绘制图形 J，如图 5-16 右图所示。

图5-16 绘制图形细节 J

【练习5-6】： 利用 LINE、CIRCLE、OFFSET 及 TRIM 命令绘制如图 5-17 所示的图形。

图5-17　用 OFFSET 及 TRIM 等命令快速作图（2）

主要作图步骤如图 5-18 所示。

图5-18　绘图过程

5.4　绘制具有均布几何特征的复杂图形

　　平面图形中几何对象按矩形阵列或环形阵列方式均匀分布的现象是很常见的。对于这些对象，将阵列命令 ARRAY 与 MOVE、MIRROR 等命令结合使用就能轻易地创建出它们。

【练习5-7】：　利用 OFFSET、ARRAY 及 MIRROR 命令绘制如图 5-19 所示的图形。

图5-19　绘制具有均布几何特征的图形

1. 创建下面两个图层。

名称	颜色	线型	线宽
轮廓线层	绿色	Continuous	0.5
中心线层	红色	Center	默认

2. 设定线型总体比例因子为 0.2，设定绘图区域大小为 120×120，并使该区域充满整个图形窗口。

3. 打开极轴追踪、对象捕捉及自动追踪功能。指定极轴追踪角度增量为 90°，设定对象捕捉方式为 "端点"、"圆心" 及 "交点"。

4. 切换到轮廓线层，绘制圆的定位线 A 和 B，两线长度分别为 130、90 左右，如图 5-20 左图所示。然后绘制圆及线框 C 和 D，如图 5-20 右图所示。

图5-20　绘制定位线、圆及线框

5. 用 OFFSET 及 TRIM 绘制线框 E，如图 5-21 左图所示。用 ARRAY 命令创建线框 E 的环形阵列，如图 5-21 右图所示。

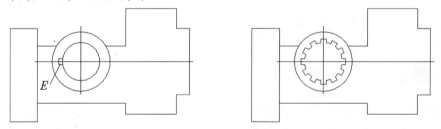

图5-21　绘制线框 E 及创建环形阵列

6. 用 LINE、OFFSET 及 TRIM 命令绘制线框 F 和 G，如图 5-22 左图所示。用 ARRAY 命令创建线框 F 和 G 的矩形阵列，再对矩形进行镜像操作，如图 5-22 右图所示。

图5-22　创建矩形阵列及镜像对象

【练习5-8】：　使用 CIRCLE、OFFSET 及 ARRAY 命令绘制如图 5-23 所示的图形。

图5-23　创建矩形及环形阵列

主要作图步骤如图 5-24 所示。

绘制作图基准线及圆　　　　　绘制图形外轮廓　　　　　创建矩形及环形阵列

图5-24　主要作图步骤

5.5　绘制倾斜图形的技巧

工程图中多数图形对象是沿水平或竖直方向的，对于此类图形实体，如果利用正交或极轴追踪功能辅助绘图，则非常方便。当图形元素处于倾斜方向时，常给作图带来许多不便，对于这类图形实体可以采用以下方法绘制。

(1)　在水平或竖直位置绘制图形。

(2)　用 ROTATE 命令把图形旋转到倾斜方向，或用 ALIGN 命令调整图形位置及方向。

【练习5-9】：　使用 OFFSET、ROTATE 及 ALIGN 命令绘制如图 5-25 所示的图形。

1.　创建下面两个图层。

名称	颜色	线型	线宽
轮廓线层	白色	Continuous	0.5
中心线层	红色	Center	默认

2.　设定线型总体比例因子为 0.2，设定绘图区域大小为 150×150，并使该区域充满整个图形窗口。

3.　打开极轴追踪、对象捕捉及自动追踪功能。指定极轴追踪角度增量为 90°，设定对象捕捉方式为"端点"和"交点"。

4. 切换到轮廓线层，绘制闭合线框及圆，如图 5-26 所示。

图5-25　绘制倾斜图形的技巧（1）

图5-26　绘制闭合线框及圆

5. 绘制图形 *A*，如图 5-27 左图所示，将图形 *A* 绕 *B* 点旋转 33°，然后创建圆角，如图 5-27 右图所示。

图5-27　绘制图形 *A* 并旋转它

6. 绘制图形 *C*，如图 5-28 左图所示，用 ALIGN 命令将图形 *C* 定位到正确的位置，如图 5-28 右图所示。

图5-28　绘制图形 *C* 并调整其位置

【练习5-10】：　绘制如图 5-29 所示的图形。

图5-29　绘制倾斜图形的技巧（2）

111

主要作图步骤如图 5-30 所示。

图5-30　主要绘图过程

5.6　利用已有图形生成新图形

平面图形中常有一些局部细节的形状是相似的，只是尺寸不同。在绘制这些对象时，应尽量利用已有图形细节创建新图形。例如，可以先用 COPY 及 ROTATE 命令把图形细节拷贝到新位置并调整方向，然后利用 STRETCH 及 SCALE 等命令改变图形细节的大小。

【练习5-11】：利用 OFFSET、COPY、ROTATE 及 STRETCH 命令绘制如图 5-31 所示的图形。

图5-31　编辑已有图形生成新图形（1）

1. 创建下面 3 个图层。

名称	颜色	线型	线宽
轮廓线层	绿色	Continuous	0.5
中心线层	红色	Center	默认
虚线层	黄色	Dashed	默认

2. 设定线型总体比例因子为 0.2，设定绘图区域大小为 150×150，并使该区域充满整个图形窗口。

3. 打开极轴追踪、对象捕捉及自动追踪功能。指定极轴追踪角度增量为 90°，设定对象捕捉方式为"端点"和"交点"。

4. 切换到轮廓线层，绘制作图基准线 A 和 B，其长度为 110 左右，如图 5-32 左图所示。用 OFFSET 及 TRIM 命令形成线框 C，如图 5-32 右图所示。

图5-32　绘制作图基准线及线框

5. 绘制线框 B、C、D，如图 5-33 左图所示。用 COPY、ROTATE、SCALE 及 STRETCH 命令形成线框 E、F、G，如图 5-33 右图所示。

图5-33　绘制线框及编辑线框形成新图形

【练习5-12】：　绘制如图 5-34 所示的图形。

图5-34　编辑已有图形生成新图形（2）

主要作图步骤如图 5-35 所示。

图5-35　主要绘图过程

5.7　绘制组合体视图及剖视图

【练习5-13】：根据轴测图绘制三视图，如图 5-36 所示。

图5-36　绘制三视图

1. 创建下面 3 个图层。

名称	颜色	线型	线宽
轮廓线层	绿色	Continuous	0.5
中心线层	红色	Center	默认
虚线层	黄色	Dashed	默认

2. 设定线型总体比例因子为 0.3，设定绘图区域大小为 170×170，并使该区域充满整个图形窗口。

3. 打开极轴追踪、对象捕捉及自动追踪功能。指定极轴追踪角度增量为 90°，设定对象捕捉方式为"端点"和"交点"。

4. 切换到轮廓线层，绘制两条作图基准线，如图 5-37 左图所示。用 OFFSET 及 TRIM 命令绘制主视图，如图 5-37 右图所示。

图5-37　绘制主视图

5. 绘制水平投影线及左视图对称线，如图 5-38 左图所示。用 OFFSET 及 TRIM 命令绘制左视图，如图 5-38 右图所示。

图5-38　绘制左视图

6. 将左视图复制到屏幕的适当位置，将其旋转 90º，然后用 XLINE 命令从主视图、左视图向俯视图绘制投影线，如图 5-39 所示。

7. 用 OFFSET 及 TRIM 命令绘制俯视图细节，如图 5-40 所示。

图5-39　绘制投影线

图5-40　绘制俯视图

【练习5-14】：　根据轴测图绘制三视图，如图 5-41 所示。

图5-41　绘制三视图

主要作图步骤如图 5-42 所示。

绘制作图基准线及圆　　　　绘制主视图　　　　绘制俯视图

绘制左视图

图5-42　主要作图步骤

【练习5-15】：　根据轴测图绘制三视图，如图 5-43 所示，主要作图步骤如图 5-44 所示。

图5-43　绘制三视图

绘制作图基准线　　　　　　　　绘制主视图

绘制投影线及俯视图

绘制投影线及左视图

图5-44　主要绘图过程

【**练习5-16**】：根据轴测图及视图轮廓绘制视图及剖视图，如图 5-45 所示，主视图采用半剖方式，主要作图步骤如图 5-46 所示。

图5-45　绘制视图及剖视图

图5-46　主要绘图过程

5.8 习题

1. 绘制如图 5-47 所示的图形。

图5-47 绘制圆弧连接（1）

2. 绘制如图 5-48 所示的图形。

图5-48·绘制圆弧连接（2）

3. 绘制如图 5-49 所示的图形。

图5-49 绘制圆弧连接（3）

4. 绘制如图 5-50 所示的图形。

图5-50　绘制圆弧连接（4）

5. 绘制如图 5-51 所示的图形。

图5-51　绘制倾斜图形

6. 绘制如图 5-52 所示的图形。

图5-52　创建矩形及环形阵列

119

7. 绘制如图 5-53 所示的图形。

图5-53　利用已有对象生成新对象

第6章 参数化绘图

【学习目标】
- 添加、编辑几何约束。
- 添加、编辑尺寸约束。
- 利用变量及表达式约束图形。
- 参数化绘图的一般方法。

6.1 几何约束

本节介绍添加及编辑几何约束的方法。

6.1.1 添加几何约束

几何约束用于确定二维对象间或对象上各点间的几何关系，如平行、垂直、同心或重合等。例如，可添加平行约束使两条线段平行，添加重合约束使两端点重合等。

通过【参数化】选项卡的【几何】面板来添加几何约束，约束的种类如表 6-1 所示。

表 6-1   几何约束的种类

几何约束按钮	名称	功能
	重合约束	使两个点或一个点和一条直线重合
	共线约束	使两条直线位于同一条无限长的直线上
	同心约束	使选定的圆、圆弧或椭圆保持同一中心点
	固定约束	使一个点或一条曲线固定到相对于世界坐标系（WCS）的指定位置和方向上
	平行约束	使两条直线保持相互平行
	垂直约束	使两条直线或多段线的夹角保持 90°
	水平约束	使一条直线或一对点与当前 UCS 的 x 轴保持平行
	竖直约束	使一条直线或一对点与当前 UCS 的 y 轴保持平行
	相切约束	使两条曲线保持相切或与其延长线保持相切
	平滑约束	使一条样条曲线与其他样条曲线、直线、圆弧或多段线保持几何连续性
	对称约束	使两个对象或两个点关于选定直线保持对称
	相等约束	使两条直线或多段线具有相同长度，或使圆弧具有相同半径值

续表

几何约束按钮	名称	功能
	自动约束	根据选择对象自动添加几何约束。单击【几何】面板右下角的箭头，打开【约束设置】对话框，通过【自动约束】选项卡设置添加各类约束的优先级以及是否添加约束的公差值

在添加几何约束时，选择两个对象的顺序将决定对象怎样更新。通常，所选的第二个对象会根据第一个对象进行调整。例如，应用垂直约束时，选择的第二个对象将调整为垂直于第一个对象。

【练习6-1】： 绘制平面图形，图形尺寸任意，如图 6-1 左图所示。编辑图形，然后给图中对象添加几何约束，结果如图 6-1 右图所示。

图6-1　添加几何约束

1. 绘制平面图形，图形尺寸任意，如图 6-1 左图所示。修剪多余线条，结果如图 6-2 右图所示。

图6-2　绘制平面图形

2. 单击【几何】面板上的 按钮（自动约束），然后选择所有图形对象，AutoCAD 自动对已选对象添加几何约束，如图 6-3 所示。

图6-3　自动添加几何约束

3. 添加以下约束。
   - 固定约束：单击 按钮，捕捉 *A* 点，如图 6-4 所示。
   - 相切约束：单击 按钮，先选择圆弧 *B*，再选择线段 *C*。
   - 水平约束：单击 按钮，选择线段 *D*。

结果如图 6-4 所示。

图6-4 添加固定、相切及水平约束

4. 绘制两个圆，如图 6-5 左图所示。给两个圆添加同心约束，结果如图 6-5 右图所示。指定圆弧圆心时，可利用 "CEN" 捕捉。

图6-5 添加同心约束

5. 绘制平面图形，图形尺寸任意，如图 6-6 左图所示。旋转及移动图形，结果如图 6-6 右图所示。

图6-6 绘制平面图形

6. 让系统对图形内部的线框自动添加约束，然后在线段 E 和 F 间加入平行约束，结果如图 6-7 所示。

图6-7 添加平行约束

6.1.2 编辑几何约束

添加几何约束后，在对象的旁边出现约束图标。将光标移动到图标或图形对象上，AutoCAD 将加亮显示相关的对象及约束图标。对已加到图形中的几何约束可以进行显示、隐藏和删除等操作。

【**练习6-2**】: 编辑几何约束。

1. 绘制平面图形，并添加几何约束，如图 6-8 所示。图中两条长线段平行且相等，两条短线段垂直且相等。

图6-8 绘制图形并添加约束

2. 单击【参数化】选项卡中【几何】面板上的 全部隐藏 按钮，图形中的所有几何约束将全部隐藏。

3. 单击【参数化】选项卡中【几何】面板上的 全部显示 按钮，则图形中所有的几何约束将全部显示出来。

4. 将光标放到某一约束上，该约束将加亮显示，单击鼠标右键弹出快捷菜单，如图 6-9 所示。选择快捷菜单中的【删除】命令可以将该几何约束删除，选择快捷菜单的【隐藏】命令，该几何约束将被隐藏，要想重新显示该几何约束，运用【参数化】选项卡中【几何】面板上的 显示 按钮。

图6-9 编辑几何约束

5. 选择图 6-9 中快捷菜单中的【约束栏设置】命令或单击【几何】面板右下角的箭头将弹出【约束设置】对话框，如图 6-10 所示。通过该对话框可以设置哪种类型的约束显示在约束栏图标中，还可以设置约束栏图标的透明度。

图6-10 约束设置对话框

6. 选择受约束的对象，单击【参数化】选项卡中【管理】面板上的 按钮，将删除图形中所有几何约束和尺寸约束。

6.1.3　修改已添加几何约束的对象

可通过以下方法编辑受约束的几何对象。

- 使用关键点编辑模式修改受约束的几何图形，该图形会保留应用的所有约束。
- 使用 MOVE、COPY、ROTATE 和 SCALE 命令修改受约束的几何图形后，结果会保留应用于对象的约束。
- 在有些情况下，使用 TRIM、EXTEND 及 BREAK 命令修改受约束的对象后，所加约束将被删除。

6.2　尺寸约束

本节介绍添加及编辑尺寸约束的方法。

6.2.1　添加尺寸约束

尺寸约束控制二维对象的大小、角度及两点间距离，此类约束可以是数值，也可以是变量及方程式。改变尺寸约束，则约束将驱动对象发生相应变化。

可通过【参数化】选项卡的【标注】面板来添加尺寸约束。约束种类、约束转换及显示如表 6-2 所示。

表 6-2　　　　　　　　　　　尺寸约束的种类、转换及显示

按钮	名称	功能
	线性约束	约束两点之间的水平或竖直距离
	对齐约束	约束两点、点与直线、直线与直线间的距离
	半径约束	约束圆或者圆弧的半径
	直径约束	约束圆或者圆弧的直径
	角度约束	约束直线间的夹角、圆弧的圆心角或 3 个点构成的角度
	转换	（1）将普通尺寸标注（与标注对象关联）转换为动态约束或注释性约束 （2）使动态约束与注释性约束相互转换 （3）利用"形式(F)"选项指定当前尺寸约束为动态约束或注释性约束
	显示	显示或隐藏图形内的动态约束

尺寸约束分为两种形式：动态约束和注释性约束。默认情况下是动态约束，系统变量 CCONSTRAINTFORM 为 0。若为 1，则默认尺寸约束为注释性约束。

- 动态约束：标注外观由固定的预定义标注样式决定（在第 8 章中介绍标注样式），不能修改，且不能被打印。在缩放操作过程中动态约束保持相同大小。
- 注释性约束：标注外观由当前标注样式控制，可以修改，也可打印。在缩放操作过程中注释性约束的大小发生变化。可把注释性约束放在同一图层上，设置颜色及改变可见性。

动态约束与注释性约束间可相互转换，选择尺寸约束，单击鼠标右键，选择【特性】选

项，打开【特性】对话框，在【约束形式】下拉列表中指定尺寸约束要采用的形式。

【练习6-3】：　绘制平面图形，添加几何约束及尺寸约束，使图形处于完全约束状态，如图 6-11 所示。

图6-11　添加几何约束及尺寸约束

1. 设定绘图区域大小为 200×200，并使该区域充满整个图形窗口。

2. 打开极轴追踪、对象捕捉及自动追踪功能，设定对象捕捉方式为"端点"、"交点"及"圆心"。

3. 绘制图形，图形尺寸任意，如图 6-12 左图所示。让 AutoCAD 自动约束图形，对圆心 A 施加固定约束，对所有圆弧施加相等约束，如图 6-12 右图所示。

图6-12　自动约束图形及施加固定约束

4. 添加以下尺寸约束。
   - 线性约束：单击按钮，指定 B、C 点，输入约束值，创建线性尺寸约束，如图 6-13 左图所示。
   - 角度约束：单击按钮，选择线段 D、E，输入角度值，创建角度约束。
   - 半径约束：单击按钮，选择圆弧，输入半径值，创建半径约束。

   继续创建其余尺寸约束，结果如图 6-13 右图所示。添加尺寸约束的一般顺序是先定形，后定位；先大尺寸，后小尺寸。

图6-13　添加尺寸约束

5. 绘制图形，图形尺寸任意，如图 6-14 左图所示。让 AutoCAD 自动约束新图形，然后添加平行及垂直约束，如图 6-14 右图所示。

图6-14　自动约束图形及施加平行和垂直约束

6. 添加尺寸约束，如图 6-15 所示。

图6-15　加入尺寸约束

7. 绘制图形，图形尺寸任意，如图 6-16 左图所示。修剪多余线条，添加几何约束及尺寸约束，如图 6-16 右图所示。

图6-16　绘制图形及添加约束

8. 保存图形，下一节将使用该练习结果。

6.2.2　编辑尺寸约束

对于已创建的尺寸约束，可采用以下方法进行编辑。

(1) 双击尺寸约束或利用 DDEDIT 命令编辑约束的值、变量名称或表达式。

(2) 选中尺寸约束，拖动与其关联的三角形关键点改变约束的值，同时驱动图形对象改变。

(3) 选中约束，单击鼠标右键，利用快捷菜单中相应选项编辑约束。

继续前面的练习，下面修改尺寸值及转换尺寸约束。

1. 将总长尺寸由 120 改为 100，"角度 3"改为 130，结果如图 6-17 所示。

图6-17　修改尺寸值

2. 单击【参数化】选项卡中【标注】面板上的 ▨ 按钮，图中所有尺寸约束将全部隐藏（默认情况下该按钮处于选中状态），再次单击该按钮所有尺寸约束又显示出来。

3. 选中所有尺寸约束，单击鼠标右键，选择【特性】选项，弹出【特性】对话框，如图6-18 所示。在【约束形式】下拉列表中选择"注释性"，则动态尺寸约束转换为注释性尺寸约束。

图6-18　【特性】对话框

4. 修改尺寸约束名称的格式。单击【标注】面板右下角的箭头，弹出【约束设置】对话框，如图 6-19 左图所示。在【标注】选项卡的【标注名称格式】下拉列表中选择"名称"，再取消"为注释性约束显示锁定图标"选项，结果如图 6-19 右图所示。

图6-19　修改尺寸约束名称的格式

6.2.3 用户变量及方程式

尺寸约束通常是数值形式，但也可采用自定义变量或数学表达式。单击【参数化】选项卡中【标注】面板上的 f_x 按钮，打开【参数管理器】，如图 6-20 所示。此管理器显示所有尺寸约束及用户变量，利用它可轻松地对约束和变量进行管理。

- 单击尺寸约束的名称以加亮显示图形中的约束。
- 双击名称或表达式进行编辑。
- 单击鼠标右键并选择"删除"选项以删除标注约束或用户变量。
- 单击列标题名称对相应列进行排序。

图6-20 参数管理器

尺寸约束或变量采用表达式时，常用的运算符及数学函数如表 6-3 及表 6-4 所示。

表 6-3　　　　　　　　　在表达式中使用的运算符

运算符	说明
+	加
-	减或取负值
*	乘
/	除
^	求幂
()	圆括号或表达式分隔符

表 6-4　　　　　　　　　表达式中支持的函数

函数	语法	函数	语法
余弦	cos(表达式)	反余弦	acos(表达式)
正弦	sin(表达式)	反正弦	asin(表达式)
正切	tan(表达式)	反正切	atan(表达式)
平方根	sqrt(表达式)	幂函数	pow(表达式1;表达式2)
对数，基数为 e	ln(表达式)	指数函数，底数为 e	exp(表达式)
对数，基数为 10	log(表达式)	指数函数，底数为 10	exp10(表达式)
将度转换为弧度	d2r(表达式)	将弧度转换为度	r2d(表达式)

【练习6-4】： 定义用户变量，以变量及表达式约束图形。

1. 指定当前尺寸约束为注释性约束，并设定尺寸格式为"名称"。

2. 绘制平面图形，添加几何约束及尺寸约束，使图形处于完全约束状态，如图6-21所示。

图6-21 绘制平面图形及添加约束

3. 单击【标注】面板上的 fx 按钮，打开【参数管理器】，利用该管理器修改变量名称、定义用户变量及建立新的表达式，如图6-22所示，单击 按钮可建立新的用户变量。

图6-22 【参数管理器】对话框

4. 利用【参数管理器】对话框将矩形面积改为3000，结果如图6-23所示。

图6-23 修改矩形面积

6.3 参数化绘图的一般步骤

使用 LINE、CIRCLE 及 OFFSET 命令绘图时，必须输入准确的数据参数，绘制完成的图形是精确无误的。若要改变图形的形状及大小，一般要重新绘制。利用 AutoCAD 的参数化功能绘图，创建的图形对象是可变的，其形状及大小由几何及尺寸约束控制。当修改这些约束后，图形就发生相应变化。

利用参数化功能绘图的步骤与采用一般绘图命令绘图是不同的，主要作图过程如下。

1. 根据图样的大小设定绘图区域大小，并将绘图区充满图形窗口显示，这样就能了解随后绘制的草图轮廓的大小，而不至于使草图形状失真太大。

2. 将图形分解成由外轮廓及多个内轮廓组成的结构，按先外后内的顺序绘制。

3. 绘制外轮廓的大致形状，创建的图形对象，其大小是任意的，相互间的位置关系如平行、垂直等是近似的。

4. 根据设计要求对图形元素添加几何约束，确定它们之间的几何关系。一般先让 AutoCAD 自动创建约束，如重合、水平等，然后加入其他约束。为使外轮廓在 XY 坐标面的位置固定，应对其中某点施加固定约束。

5. 添加尺寸约束，确定外轮廓中各图形元素的精确大小及位置。创建的尺寸包括定形及定位尺寸，标注顺序一般为先大后小，先定形后定位。

6. 采用相同的方法依次绘制其他内轮廓。

【练习6-5】：　利用 AutoCAD 的参数化功能绘制平面图形，如图 6-24 所示。先绘制出图形的大致形状，然后给所有对象添加几何约束及尺寸约束，使图形处于完全约束状态。

图6-24　利用参数化功能绘图

1. 设定绘图区域大小为 800×800，并使该区域充满整个图形窗口。

2. 打开极轴追踪、对象捕捉及自动追踪功能，设定对象捕捉方式为"端点"、"交点"及"圆心"。

3. 用 LINE、CIRCLE 及 TRIM 命令绘制图形，图形尺寸任意，如图 6-25 左图所示。修剪多余线条并倒圆角形成外轮廓草图，如图 6-25 右图所示。

图6-25　绘制图形外轮廓线

4. 启动自动添加几何约束功能，给所有图形对象添加几何约束，如图 6-26 所示。

图6-26   自动添加几何约束

5.   创建以下约束。

- 给圆弧 A、B、C 添加相等约束，使 3 个圆弧的半径相等，如图 6-27 左图所示。
- 对左下角点施加固定约束。
- 给圆心 D、F 及圆弧中点 E 添加水平约束，使 3 点位于同一条水平线上，如图 6-27 右图所示。操作时，可利用对象捕捉确定要约束的目标点。

图6-27   添加几何约束

6.   单击 全部隐藏 按钮，隐藏几何约束。标注圆弧的半径尺寸，然后标注其他尺寸，如图 6-28 左图所示。将角度值修改为 60，结果如图 6-28 右图所示。

图6-28   编辑尺寸约束

7.   绘制圆及线段，如图 6-29 左图所示。修剪多余线条并自动添加几何约束，如图 6-29 右图所示。

图6-29   绘制圆、线段及自动添加几何约束

8. 给圆弧 *G* 和 *H* 添加同心约束，给线段 *I* 和 *J* 添加平行约束，如图 6-30 所示。

图6-30 添加同心及平行约束

9. 复制线框，如图 6-31 左图所示。对新线框添加同心约束，如图 6-31 右图所示。

图6-31 复制对象并添加同心约束

10. 使圆弧 *L* 和 *M* 的圆心位于同一条水平线上，并让它们的半径相等，如图 6-32 所示。

图6-32 添加水平及相等约束

11. 标注圆弧的半径尺寸为 40，如图 6-33 左图所示。将半径值由 40 改为 30，结果如图 6-33 右图所示。

图6-33 修改约束尺寸

6.4 综合训练——利用参数化功能绘图

【练习6-6】： 利用 AutoCAD 的参数化功能绘制平面图形，如图 6-34 左图所示。先绘制出图形的大致形状，然后给所有对象添加几何约束及尺寸约束，使图形处于完全约束状态。修改其中部分尺寸使图形变形，结果如图 6-34 右图所示。

图6-34 利用参数化功能绘图（1）

【练习6-7】： 利用 AutoCAD 的参数化功能绘制平面图形，如图 6-35 所示。先绘制出图形的大致形状，然后给所有对象添加几何约束及尺寸约束，使图形处于完全约束状态。

图6-35 利用参数化功能绘图（2）

【练习6-8】： 绘制下面两个图形，尺寸任意，如图 6-36 所示。给所有对象添加几何约束及尺寸约束，使图形处于完全约束状态。

 创建阵列后绘制定位线（中心线），选择所有圆及定位线，启动自动添加约束功能创建几何约束。给定位线添加尺寸约束，修改尺寸值，则圆的位置发生变化。

图6-36 利用参数化功能绘图（3）

【练习6-9】：　利用 AutoCAD 的参数化功能绘制平面图形，如图 6-37 所示。给所有对象添加几何约束及尺寸约束，使图形处于完全约束状态。

图6-37　利用参数化功能绘图（4）

6.5　习题

1. 利用 AutoCAD 的参数化功能绘制平面图形，如图 6-38 所示。给所有对象添加几何约束及尺寸约束，使图形处于完全约束状态。

图6-38　利用参数化功能绘图

2. 利用 AutoCAD 的参数化功能绘制平面图形，如图 6-39 所示。给所有对象添加几何约束及尺寸约束，使图形处于完全约束状态。

图6-39　利用参数化功能绘图

第7章 书写文字

【学习目标】
- 创建文字样式。
- 书写单行和多行文字。
- 编辑文字内容和属性。
- 表格样式。
- 创建及填写表格对象。

7.1 书写文字的方法

在 AutoCAD 中有两类文字对象，一类是单行文字，另一类是多行文字，它们分别由 DTEXT 和 MTEXT 命令来创建。一般来讲，比较简短的文字项目（如标题栏信息、尺寸标注说明等）常常采用单行文字，而对带有段落格式的信息（如工艺流程、技术条件等）常采用多行文字。

AutoCAD 生成的文字对象，其外观由与它关联的文字样式决定。默认情况下，Standard 文字样式是当前样式，用户也可根据需要创建新的文字样式。

本节主要内容包括创建文字样式、书写单行文字和多行文字等。

7.1.1 创建国标文字样式及书写单行文字

文字样式主要是控制与文本连接的字体文件、字符宽度、文字倾斜角度及高度等项目。用户可以针对每一种不同风格的文字创建对应的文字样式，这样在输入文本时就可用相应的文字样式来控制文本的外观。例如，用户可建立专门用于控制尺寸标注文字和设计说明文字外观的文字样式。

DTEXT 命令用于创建单行文字对象。启动此命令后，用户不仅可以设定文本的对齐方式和文字的倾斜角度，还能用十字光标在不同的地方选取点以定位文本的位置（系统变量 DTEXTED 不等于 0），该特性使用户只发出一次命令就能在图形的多个区域放置文本。

【练习7-1】： 创建国标文字样式及添加单行文字。

1. 打开附盘文件 "dwg\第 7 章\7-1.dwg"。
2. 选择菜单命令【格式】/【文字样式】，或者单击【注释】面板上的 按钮，打开【文字样式】对话框，如图 7-1 所示。

图7-1　【文字样式】对话框

3. 单击 [新建(N)...] 按钮，打开【新建文字样式】对话框，如图 7-2 所示，在【样式名】文本框中输入文字样式的名称"工程文字"。

图7-2　【新建文字样式】对话框

4. 单击 [确定] 按钮，返回【文字样式】对话框，在【SHX 字体】下拉列表中选择【gbeitc.shx】，再选择【使用大字体】复选项，然后在【大字体】下拉列表中选择【gbcbig.shx】，参见图 7-1。

> **要点提示**　AutoCAD 提供了符合国标的字体文件。在工程图中，中文字体采用"gbcbig.shx"，该字体文件包含了长仿宋字。西文字体采用"gbeitc.shx"或"gbenor.shx"，前者是斜体西文，后者是直体。

5. 单击 [应用(A)] 按钮，然后关闭【文字样式】对话框。

6. 用 DTEXT 命令创建单行文字。单击【注释】面板上的 [A 单行文字] 按钮或输入命令代号 DTEXT，启动创建单行文字命令。

```
命令: dtext
指定文字的起点或 [对正(J)/样式(S)]:            //单击 A 点，如图 7-3 所示
指定高度 <3.0000>: 5                          //输入文字高度
指定文字的旋转角度 <0>:                        //按 Enter 键
横臂升降机构                                  //输入文字
行走轮                                        //在 B 点处单击，并输入文字
行走轨道                                      //在 C 点处单击，并输入文字
行走台车                                      //在 D 点处单击，输入文字并按 Enter 键
台车行走速度 5.72 米/分                        //输入文字并按 Enter 键
台车行走电机功率 3KW                          //输入文字
立架                                          //在 E 点处单击，并输入文字
配重系统                                      //在 F 点处单击，输入文字并按 Enter 键
                                             //按 Enter 键结束
命令:DTEXT                                    //重复命令
```

指定文字的起点或 [对正(J)/样式(S)]:	//单击 G 点
指定高度 <5.0000>:	//按 Enter 键
指定文字的旋转角度 <0>: 90	//输入文字旋转角度
设备总高 5500	//输入文字并按 Enter 键
	//按 Enter 键结束

在 H 点处输入"横臂升降行程 1500",结果如图 7-3 所示。

图7-3　创建单行文字

 如果发现图形中的文本没有正确显示出来,则多数情况是由于文字样式所连接的字体不合适。

【文字样式】对话框中的常用选项介绍如下。

- 新建(N)... 按钮:单击此按钮,就可以创建新文字样式。
- 删除(D) 按钮:在【样式】列表框中选择一个文字样式,再单击此按钮,就可以将该文字样式删除。当前样式和正在使用的文字样式不能被删除。
- 【字体名】下拉列表:在此列表中罗列了所有的字体。带有双"T"标志的字体是 Windows 系统提供的"TrueType"字体,其他字体是 AutoCAD 自己的字体(*.shx),其中"gbenor.shx"和"gbeitc.shx"(斜体西文)字体是符合国标的工程字体。
- 【使用大字体】:大字体是指专为亚洲国家设计的文字字体。其中"gbcbig.shx"字体是符合国标的工程汉字字体,该字体文件还包含一些常用的特殊符号。由于"gbcbig.shx"中不包含西文字体定义,所以使用时可将其与"gbenor.shx"和"gbeitc.shx"字体配合使用。
- 【高度】:输入字体的高度。如果用户在该文本框中指定了文本高度,在使用 DTEXT(单行文字)命令时,系统将不再提示"指定高度"。
- 【颠倒】:选择此复选项,则文字将上下颠倒显示。该复选项仅影响单行文字,如图 7-4 所示。

AutoCAD 2010　　　　　　　　Ｖ∩ʇoСＶD ƧO⊥O

关闭【颠倒】复选项　　　　　　打开【颠倒】复选项

图7-4　关闭或打开【颠倒】复选项

- 【反向】:选择此复选项,则文字将首尾反向显示。该复选项仅影响单行文字,如图 7-5 所示。

AutoCAD 2010　　　　　　　　AutoCAD 2010

关闭【反向】复选项　　　　　　　打开【反向】复选项

图7-5　关闭或打开【反向】复选项

- 【垂直】：选择此复选项，则文字将沿竖直方向排列，如图 7-6 所示。

AutoCAD

A
u
t
o
C
A
D

关闭【垂直】复选项　　　　　打开【垂直】复选项

图7-6　关闭或打开【垂直】复选项

- 【宽度因子】：默认的宽度因子为 1。若输入小于 1 的数值，则文本将变窄；否则，文本变宽，如图 7-7 所示。

AutoCAD 2010　　　　　　AutoCAD 2010

宽度比例因子为 1.0　　　　　　　　宽度比例因子为 0.7

图7-7　调整宽度比例因子

- 【倾斜角度】：该文本框用于指定文本的倾斜角度。角度值为正时向右倾斜，为负时向左倾斜，如图 7-8 所示。

AutoCAD 2010　　　　　　AutoCAD 2010

倾斜角度为 30°　　　　　　　　　倾斜角度为-30°

图7-8　设置文字倾斜角度

DTEXT 命令的常用选项介绍如下。

- 对正(J)：设定文字的对齐方式。
- 布满(F)："对正(J)"选项的子选项。使用此选项时，系统提示指定文本分布的起始点、结束点及文字高度。当用户选定两点并输入文本后，系统把文字压缩或扩展，使其充满指定的宽度范围，如图 7-9 所示。
- 样式(S)：指定当前文字样式。

"布满（F）"选项

图7-9　使文字布满指定的宽度范围

7.1.2　修改文字样式

修改文字样式也是在【文字样式】对话框中进行的，其过程与创建文字样式相似，这里不再重复。

修改文字样式时，用户应注意以下几点。

（1）　修改完成后，单击【文字样式】对话框中的 应用(A) 按钮，则修改生效，系统立即更新图样中与此文字样式关联的文字。

（2）　当改变文字样式连接的字体文件时，系统改变所有的文字外观。

（3）　当修改文字的"颠倒"、"反向"及"垂直"特性时，系统将改变单行文字的外观，而修改文字高度、宽度因子及倾斜角时，不会引起已有单行文字外观的改变，但将影响此后创建的文字对象。

（4）　对于多行文字，只有【垂直】、【宽度因子】及【倾斜角度】选项才能影响其外观。

7.1.3　在单行文字中加入特殊符号

工程图中用到的许多符号都不能通过标准键盘直接输入，如文字的下划线、直径代号等。当用户利用 DTEXT 命令创建文字注释时，必须输入特定的代码来产生特殊的字符，这些代码及对应的特殊符号如表 7-1 所示。

表 7-1　　　　　　　　　　　　　　特殊字符的代码

代码	字符
%%o	文字的上划线
%%u	文字的下划线
%%d	角度的度符号
%%p	表示"±"
%%c	直径代号

使用表中代码生成特殊字符的样例如图 7-10 所示。

添加%%u特殊%%u字符　　　　添加特殊字符

%%c100　　　　　　　　　　φ100

%%p0.010　　　　　　　　　±0.010

图7-10　创建特殊字符

7.1.4　创建多行文字

MTEXT 命令可以创建复杂的文字说明。用 MTEXT 命令生成的文字段落称为多行文字，它可由任意数目的文字行组成，所有的文字构成一个单独的实体。使用 MTEXT 命令时，用户可以指定文本分布的宽度，但文字沿竖直方向可无限延伸。另外，用户还能设置多行文字中单个字符或某一部分文字的属性（包括文本的字体、倾斜角度和高度等）。

【练习7-2】：　用 MTEXT 命令创建多行文字，文字内容如图 7-11 所示。

图7-11　创建多行文字

1. 设定绘图区域大小为 80×80，单击【视图】选项卡中【导航】面板上的 按钮使绘图区域充满整个图形窗口。

2. 创建新文字样式，并使该样式成为当前样式。新样式名称为"文字样式-1"，与其相连的字体文件是"gbeitc.shx"和"gbcbig.shx"。

3. 单击【注释】面板上的 A 多行文字 按钮，AutoCAD 提示如下。

   指定第一角点：　　　　　　　　//在 A 点处单击，如图 7-11 所示
   指定对角点：　　　　　　　　　//在 B 点处单击

4. 系统弹出【文字编辑器】选项卡及【文字编辑器】。在【样式】面板的【文字高度】文本框中输入数值 3.5，然后在文字编辑器中输入文字，如图 7-12 所示。
   【文字编辑器】顶部带标尺，利用标尺可设置首行文字及段落文字的缩进，还可设置制表位，操作方法如下。
   - 拖动标尺上第一行的缩进滑块可改变所选段落第一行的缩进位置。
   - 拖动标尺上第二行的缩进滑块可改变所选段落其余行的缩进位置。
   - 标尺上显示了默认的制表位，要设置新的制表位，可用鼠标光标单击标尺。
     要删除创建的制表位，可用鼠标光标按住制表位，将其拖出标尺。

图7-12　输入文字

5. 选中文字"技术要求"，然后在【文字高度】文本框中输入数值"5"，按 Enter 键，结果如图 7-13 所示。

图7-13　修改文字高度

6. 选中其他文字，单击【段落】面板上的 ≡ 以数字标记 按钮，选择【以数字标记】选项，再利用标尺上第二行的缩进滑块调整标记数字与文字间的距离，结果如图 7-14 所示。

图7-14　添加数字编号

7. 单击【关闭】面板上的 ✕ 按钮，结果参见图 7-11。

7.1.5　添加特殊字符

以下过程演示了如何在多行文字中加入特殊字符，文字内容如下。

蜗轮分度圆直径= ϕ100

蜗轮蜗杆传动箱钢板厚度≥5

【练习7-3】：　添加特殊字符。

1.　设定绘图区域大小为 50×50，单击【视图】选项卡中【导航】面板上的 按钮使绘图区域充满整个图形窗口。

2.　创建新文字样式，并使该样式成为当前样式。新样式名称为"样式 1"，与其相连的字体文件是"gbeitc.shx"和"gbcbig.shx"。

3.　单击【注释】面板上的 按钮，再指定文字分布宽度，AutoCAD 打开【文字编辑器】，在【样式】面板的【字体高度】框中输入数值 3.5，然后输入文字，如图 7-15 所示。

图7-15　输入文字

4.　在要插入直径符号的地方单击鼠标左键，然后单击鼠标右键，弹出快捷菜单，选择【符号】/【直径】选项，结果如图 7-16 所示。

图7-16　插入直径符号

5.　在文本输入窗口中单击鼠标右键，弹出快捷菜单，选择【符号】/【其他】选项，打开【字符映射表】对话框，如图 7-17 所示。

6.　在对话框的【字体】下拉列表中选择【Symbol】字体，然后选取需要的字符"≥"，参见图 7-17。

7.　单击 选择(S) 按钮，再单击 复制(C) 按钮。

8.　返回【文字编辑器】，在需要插入"≥"符号的位置单击鼠标左键，然后单击鼠标右键，弹出快捷菜单，选择【粘贴】选项，结果如图 7-18 所示。

图7-17　【字符映射表】对话框

图7-18　插入"≥"符号

要点提示 粘贴"≥"符号后，AutoCAD 将自动回车。

9. 把"≥"符号的高度修改为 3.5，再将鼠标光标放置在此符号的后面，按 $\boxed{\text{Delete}}$ 键，结果如图 7-19 所示。

蜗轮分度圆直径=∅100

蜗轮蜗杆传动箱钢板厚度≥5

图7-19 修改字符的高度

10. 单击【关闭】面板上的 按钮完成。

7.1.6 创建分数及公差形式文字

下面使用多行文字编辑器创建分数及公差形式文字，文字内容如图 7-20 所示。

图7-20 创建分数及公差形式文字

【练习7-4】： 创建分数及公差形式文字。

1. 打开【文字编辑器】，设置字体为 "gbeitc,gbcbig"，输入多行文字，如图 7-21 所示。
2. 选择文字 "H7/m6"，单击鼠标右键，选择【堆叠】选项，结果如图 7-22 所示。

∅100H7/m6

200+0.020 ^-0.016

∅100$\frac{H7}{m6}$

200+0.020 ^-0.016

图7-21 输入文字 图7-22 创建分数形式文字

3. 选择文字 "+0.020^-0.016"，单击鼠标右键，选择【堆叠】选项，结果如图 7-23 所示。

图7-23 创建公差形式文字

4. 单击【关闭】面板上的 按钮完成。

要点提示 通过堆叠文字的方法也可创建文字的上标或下标，输入方式为"上标^"、"^下标"。例如，输入 "53^"，选中 "3^"，单击鼠标右键，选择【堆叠】选项，结果为 "5³"。

7.1.7 编辑文字

编辑文字的常用方法有以下两种。

(1) 使用 DDEDIT 命令编辑单行或多行文字。选择的对象不同，系统将打开不同的对话框。对于单行文字，系统显示文本编辑框；对于多行文字，系统则打开【文字编辑器】。

用 DDEDIT 命令编辑文本的优点是：此命令连续地提示用户选择要编辑的对象，因而只要发出 DDEDIT 命令就能一次修改许多文字对象。

(2) 用 PROPERTIES 命令修改文本。选择要修改的文字后，单击鼠标右键，选择【特性】选项，启动 PROPERTIES 命令，打开【特性】对话框。在此对话框中用户不仅能修改文本的内容，还能编辑文本的其他属性，如倾斜角度、对齐方式、高度及文字样式等。

【练习7-5】： 打开附盘文件"dwg\第 7 章\7-5.dwg"，如图 7-24 左图所示，修改文字内容、字体及字高，结果如图 7-24 右图所示。右图中的文字特性如下。

- "技术要求"：字高 5，字体"gbeitc,gbcbig"。
- 其余文字：字高 3.5，字体"gbeitc,gbcbig"。

图7-24　编辑文字

1. 创建新文字样式，新样式名称为"工程文字"，与其相连的字体文件是"gbeitc.shx"和"gbcbig.shx"。

2. 选择菜单命令【修改】/【对象】/【文字】/【编辑】，启动 DDEDIT 命令。用该命令修改"蓄能器"、"行程开关"等单行文字的内容，再用 PROPERTIES 命令将这些文字的高度修改为 3.5，并使其与样式"工程文字"相连，结果如图 7-25 左图所示。

3. 用 DDEDIT 命令修改"技术要求"等多行文字的内容，再改变文字高度，并使其采用"gbeitc,gbcbig"字体，结果如图 7-25 右图所示。

图7-25　修改文字内容及高度等

7.1.8　上机练习——填写明细表及创建单行、多行文字

【练习7-6】： 给表格中添加文字的技巧。

1. 打开附盘文件"dwg\第 7 章\7-6.dwg"。

2. 创建新文字样式，并使其成为当前样式。新样式名称为"工程文字"，与其相连的字体文件是"gbeitc.shx"和"gbcbig.shx"。

3. 用 DTEXT 命令在明细表底部第一行中书写文字"序号"，字高 5，结果如图 7-26 所示。

4. 用 COPY 命令将"序号"由 *A* 点复制到 *B*、*C*、*D* 和 *E* 点，结果如图 7-27 所示。

图7-26　书写文字"序号"

图7-27　复制对象

5. 用 DDEDIT 命令修改文字内容，再用 MOVE 命令调整"名称"、"材料"等的位置，结果如图 7-28 所示。

6. 把已经填写的文字向上阵列，结果如图 7-29 所示。

序号	名称	数量	材料	备注

图7-28　编辑文字内容

序号	名称	数量	材料	备注
序号	名称	数量	材料	备注
序号	名称	数量	材料	备注
序号	名称	数量	材料	备注
序号	名称	数量	材料	备注

图7-29　阵列文字

7. 用 DDEDIT 命令修改文字内容，结果如图 7-30 所示。

8. 把序号及数量数字移动到表格的中间位置，结果如图 7-31 所示。

4	转轴	1	45	
3	定位板	2	Q235	
2	轴承盖	1	HT200	
1	轴承座	1	HT200	
序号	名称	数量	材料	备注

图7-30　修改文字内容

4	转轴	1	45	
3	定位板	2	Q235	
2	轴承盖	1	HT200	
1	轴承座	1	HT200	
序号	名称	数量	材料	备注

图7-31　移动文字

【练习7-7】：　打开附盘文件"dwg\第 7 章\7-7.dwg"，在图中添加单行文字，如图 7-32 所示。文字字高为 3.5，字体采用"楷体"。

图7-32　添加单行文字

【练习7-8】：　打开附盘文件"dwg\第 7 章\7-8.dwg"，在图中添加单行文字，如图 7-33 所示。文字字高为 5，中文字体采用"gbcbig.shx"，西文字体采用"gbenor.shx"。

图7-33　在单行文字中加入特殊符号

【练习7-9】：　打开附盘文件 "dwg\第 7 章\7-9.dwg"，在图中添加多行文字，如图 7-34 所示。图中的文字特性如下。

* "α、λ、δ、≈、≥"：字高为 4，字体采用 "symbol"。
* 其余文字：字高为 5，中文字体采用 "gbcbig.shx"，西文字体采用 "gbeitc.shx"。

图7-34　添加多行文字

7.2　创建表格对象

在 AutoCAD 中，用户可以生成表格对象。创建该对象时，系统首先生成一个空白表格，用户可在该表中填入文字信息。用户可以很方便地修改表格的宽度、高度及表中的文字，还可按行、列方式删除表格单元或者合并表中的相邻单元。

7.2.1　表格样式

表格对象的外观由表格样式控制。默认情况下，表格样式是 "Standard"，用户也可以根据需要创建新的表格样式。"Standard" 表格的外观如图 7-35 所示，第一行是标题行，第二行是表头行，其他行是数据行。

图7-35　表格对象

在表格样式中，用户可以设定表格单元文字的文字样式、字高、对齐方式及表格单元的填充颜色，还可设定单元边框的线宽和颜色以及控制是否将边框显示出来。

【练习7-10】： 创建新的表格样式。

1. 创建新文字样式，新样式名称为 "工程文字"，与其相连的字体文件是 "gbeitc.shx" 和 "gbcbig.shx"。

2. 选择菜单命令【格式】/【表格样式】，打开【表格样式】对话框，如图 7-36 所示，利用该对话框用户可以新建、修改及删除表格样式。

图7-36　【表格样式】对话框

3. 单击 新建(N)... 按钮，弹出【创建新的表格样式】对话框，在【基础样式】下拉列表中选择新样式的原始样式 "Standard"，该原始样式为新样式提供默认设置，在【新样式名】文本框中输入新样式的名称 "表格样式-1"，如图 7-37 所示。

图7-37　【创建新的表格样式】对话框

4. 单击 继续 按钮，打开【新建表格样式】对话框，如图 7-38 所示。在【单元样式】下拉列表中分别选择【数据】、【标题】、【表头】选项，在【文字】选项卡中指定文字样式为 "工程文字"，字高为 3.5，在【常规】选项卡中指定文字对齐方式为 "正中"。

图7-38　【新建表格样式】对话框

5. 单击 确定 按钮，返回【表格样式】对话框，再单击 置为当前(U) 按钮，使新的表格样式成为当前样式。

【新建表格样式】对话框中常用选项的功能如下。

(1) 【常规】选项卡。

- 【填充颜色】：指定表格单元的背景颜色，默认值为"无"。
- 【对齐】：设置表格单元中文字的对齐方式。
- 【水平】：设置单元文字与左右单元边界之间的距离。
- 【垂直】：设置单元文字与上下单元边界之间的距离。

(2) 【文字】选项卡。

- 【文字样式】：选择文字样式。单击 按钮，打开【文字样式】对话框，利用它可创建新的文字样式。
- 【文字高度】：输入文字的高度。
- 【文字角度】：设定文字的倾斜角度。逆时针为正，顺时针为负。

(3) 【边框】选项卡。

- 【线宽】：指定表格单元的边界线宽。
- 【颜色】：指定表格单元的边界颜色。
- ⊞按钮：将边界特性设置应用于所有单元。
- ▣按钮：将边界特性设置应用于单元的外部边界。
- ⊞按钮：将边界特性设置应用于单元的内部边界。
- ▣、▣、▣及▣按钮：将边界特性设置应用于单元的底、左、上及右边界。
- ▦按钮：隐藏单元的边界。

(4) 【表格方向】下拉选框。

- 【向下】：创建从上向下读取的表对象，标题行和表头行位于表的顶部。
- 【向上】：创建从下向上读取的表对象，标题行和表头行位于表的底部。

7.2.2 创建及修改空白表格

TABLE 命令用于创建空白表格，空白表格的外观由当前表格样式决定。使用该命令时，用户要输入的主要参数有行数、列数、行高及列宽等。

【练习7-11】： 创建如图 7-39 所示的空白表格。

图7-39 创建空白表格

1. 单击【注释】面板上的▦按钮，打开【插入表格】对话框，在该对话框中输入创建表格的参数，如图 7-40 所示。

图7-40 【插入表格】对话框

2. 单击 [确定] 按钮，关闭文字编辑器，创建如图 7-41 所示的表格。

3. 在表格内按住鼠标左键并拖动鼠标光标，选中第一、二行，弹出【表格】选项卡，单击选项卡中【行数】面板上的 按钮，删除选中的两行，结果如图 7-42 所示。

图7-41 创建空白表格

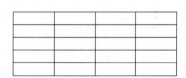

图7-42 删除第一、二行

4. 选中第一列的任一单元，单击鼠标右键，弹出快捷菜单，选择【列】/【在左侧插入】选项，插入新的一列，结果如图 7-43 所示。

5. 选中第一行的任一单元，单击鼠标右键，弹出快捷菜单，选择【行】/【在上方插入】选项，插入新的一行，结果如图 7-44 所示。

图7-43 插入新的一列

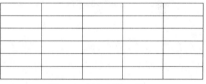

图7-44 插入新的一行

6. 按住鼠标左键并拖动鼠标，选中第一列的所有单元，然后单击鼠标右键，弹出快捷菜单，选择【合并】/【全部】选项，结果如图 7-45 所示

7. 按住鼠标左键并拖动鼠标光标，选中第一行的所有单元，然后单击鼠标右键，弹出快捷菜单，选择【合并】/【全部】选项，结果如图 7-46 所示。

图7-45 合并第一列的所有单元

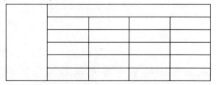

图7-46 合并第一行的所有单元

8. 分别选中单元 A 和 B，然后利用关键点拉伸方式调整单元的尺寸，结果如图 7-47 所示。

9. 选中单元 *C*，单击鼠标右键，选择【特性】选项，打开【特性】对话框，在【单元宽度】及【单元高度】文本框中分别输入数值 20 和 10，结果如图 7-48 所示。

图7-47 调整单元的尺寸

图7-48 调整单元的宽度及高度

10. 用类似的方法修改表格的其余尺寸。

7.2.3 用 TABLE 命令创建及填写标题栏

在表格单元中用户可以很方便地填写文字信息。用 TABLE 命令创建表格后，AutoCAD 会加亮显示表格的第一个单元，同时打开文字编辑器，此时就可以输入文字了。此外，双击某一单元也能将其激活，可在其中填写或修改文字。当要移动鼠标光标到相邻的下一个单元时，按 Tab 键，或者使用方向键向左、右、上或下移动。

【练习7-12】： 创建及填写标题栏，如图 7-49 所示。

图7-49 创建及填写标题栏

1. 创建新的表格样式，样式名为"工程表格"。设定表格单元中的文字采用字体"gbeitc.shx"和"gbcbig.shx"，文字高度为 5，对齐方式为"正中"，文字与单元边框的距离为 0.1。

2. 指定"工程表格"为当前样式，用 TABLE 命令创建 4 个表格，如图 7-50 左图所示。用 MOVE 命令将这些表格组合成标题栏，如图 7-50 右图所示。

图7-50 创建 4 个表格并将其组合成标题栏

3. 双击表格的某一单元以激活它，在其中输入文字，按方向键移动到其他单元继续填写文字，结果如图 7-51 所示。

				材料标记			单位名称
标记	处数	更改文件号	年月日	材料标记			图样名称
设计	签名	年月日 标准化 签名	年月日	阶段标记	重量	比例	图样名称
审核							图样代号
工艺		批准		共 张 第 张			图样代号

图7-51 在表格中填写文字

 双击"更改文件号"单元，选择所有文字，然后在【格式】面板上的 ⬤ 0.7 文本框中输入文字的宽度比例因子"0.8"，这样表格单元就有足够的宽度来容纳文字了。

7.3 习题

1. 打开附盘文件"dwg\第 7 章\7-13.dwg"，在图中添加单行文字，如图 7-52 所示。文字字高为 3.5，中文字体采用"gbcbig.shx"，西文字体采用"gbeitc.shx"。

图7-52 书写单行文字

2. 打开附盘文件"dwg\第 7 章\7-14.dwg"，在图中添加多行文字，如图 7-53 所示，图中的文字特性如下。
    - "弹簧总圈数……"及"加载到……"：文字字高为 5，中文字体采用"gbcbig.shx"，西文字体采用"gbeitc.shx"。
    - "检验项目"：文字字高为 4，字体采用"黑体"。
    - "检验弹簧……"：文字字高为 3.5，字体采用"楷体"。

图7-53 书写多行文字

3. 打开附盘文件 "dwg\第 7 章\7-15.dwg"，在图中添加单行及多行文字，如图 7-54 所示，图中的文字特性如下。

- 单行文字字体为 "宋体"，字高为 "10"，其中部分文字沿 60° 方向书写，字体倾斜角度为 30°。
- 多行文字字高为 "12"，字体为 "黑体" 和 "宋体"。

图7-54 书写单行及多行文字

4. 创建如图 7-55 所示的表格对象，表中文字字高为 3.5，字体为 "gbsbig.shx"。

QBG421-3103	压盖	1	HT200	3100[6]	7
QBG421-3102	蝶轮	1	QT900-2	3100[2]	7
QBG421-3101	蝶轮箱体	1	HT200	3100[1]	7
代号	名称	数量	材料	备注	9
38	60	16	37	45	

图7-55 创建表格对象

第8章 标注尺寸

【学习目标】
- 创建标注样式。
- 标注直线型、角度型、直径及半径型尺寸等。
- 标注尺寸公差和形位公差。
- 编辑尺寸文字和调整标注位置。

8.1 标注尺寸的方法

AutoCAD 的尺寸标注命令很丰富，利用它可以轻松地创建出各种类型的尺寸。所有尺寸与尺寸样式关联，通过调整尺寸样式，就能控制与该样式关联的尺寸标注的外观。下面通过一个实例介绍创建尺寸样式的方法和 AutoCAD 的尺寸标注命令。

【练习8-1】： 打开附盘文件"dwg\第 8 章\8-1.dwg"，创建尺寸样式并标注尺寸，如图 8-1 所示。

图8-1 标注尺寸

8.1.1 创建国标尺寸样式

尺寸标注是一个复合体，它以块的形式存储在图形中（在第 9 章中将讲解块的概念），其组成部分包括尺寸线、尺寸线两端起止符号（箭头或斜线等）、尺寸界线及标注文字等，所有组成部分的格式都由尺寸样式来控制。

在标注尺寸前，用户一般都要创建尺寸样式，否则 AutoCAD 将使用默认样式"ISO-25"来生成尺寸标注。在 AutoCAD 中可以定义多种不同的标注样式并为之命名，标注时，用户只需指定某个样式为当前样式，就能创建相应的标注形式。

建立符合国标规定的尺寸样式

1. 建立新文字样式，样式名为"工程文字"，与该样式相连的字体文件是"gbeitc.shx"（或"gbenor.shx"）和"gbcbig.shx"。

2. 单击【注释】面板上的 按钮或选择菜单命令【格式】/【标注样式】，打开【标注样式管理器】对话框，如图 8-2 所示，通过该对话框可以命名新的尺寸样式或修改样式中的尺寸参数。

3. 单击 新建(N)... 按钮，打开【创建新标注样式】对话框，如图 8-3 所示。在该对话框的【新样式名】文本框中输入新的样式名称"工程标注"，在【基础样式】下拉列表中指定某个尺寸样式作为新样式的基础样式，则新样式将包含基础样式的所有设置。此外，用户还可在【用于】下拉列表中设定新样式对某一种类尺寸的特殊控制。默认情况下，【用于】下拉列表的选项是"所有标注"，是指新样式将控制所有的类型尺寸。

图8-2　【标注样式管理器】对话框

图8-3　【创建新标注样式】对话框

4. 单击 继续 按钮，打开【新建标注样式】对话框，如图 8-4 所示。

图8-4　【新建标注样式】对话框

5. 在【线】选项卡的【基线间距】、【超出尺寸线】和【起点偏移量】文本框中分别输入7、2 和 0。

    *   【基线间距】：此选项决定了平行尺寸线间的距离。例如，当创建基线型尺寸标注时，相邻尺寸间的距离由该选项控制，如图 8-5 所示。

图8-5 控制尺寸线间的距离

- 【超出尺寸线】：控制尺寸界线超出尺寸线的距离，如图 8-6 所示。国标中规定，尺寸界线一般超出尺寸线 2mm～3mm。
- 【起点偏移量】：控制尺寸界线起点与标注对象端点间的距离，如图8-7 所示。

图8-6 设定尺寸界线超出尺寸线的长度　　　图8-7 控制尺寸界线起点与标注对象间的距离

6. 在【符号和箭头】选项卡的【第一个】下拉列表中选择【实心闭合】，在【箭头大小】栏中输入 2，该值用于设定箭头的长度。

7. 在【文字】选项卡的【文字样式】下拉列表中选择"工程文字"，在【文字高度】、【从尺寸线偏移】文本框中分别输入 2.5 和 0.8，在【文字对齐】分组框中选择【与尺寸线对齐】选项。
   - 【文字样式】：在此下拉列表中选择文字样式或单击其右边的 按钮，打开【文字样式】对话框，利用该对话框创建新的文字样式。
   - 【从尺寸线偏移】：该选项用于设定标注文字与尺寸线间的距离。
   - 【与尺寸线对齐】：使标注文本与尺寸线对齐。对于国标标注，应选择此选项。

8. 在【调整】选项卡的【使用全局比例】栏中输入"2"，该比例值将影响尺寸标注所有组成元素的大小，如标注文字和尺寸箭头等，如图 8-8 所示。当用户欲以 1:2 的比例将图样打印在标准幅面的图纸上时，为保证尺寸外观合适，应设定标注的全局比例为打印比例的倒数，即 2。

全局比例为 1.0　　　　全局比例为 2.0

图8-8 全局比例对尺寸标注的影响

9. 进入【主单位】选项卡，在【线性标注】分组框的【单位格式】、【精度】和【小数分隔符】下拉列表中分别选择"小数"、"0.00"和"句点"，在【角度标注】分组框的【单位格式】和【精度】下拉列表中分别选择"十进制度数"和"0.0"。

10. 单击 [确定] 按钮得到一个新的尺寸样式，再单击 [置为当前(U)] 按钮，使新样式成为当前标注的样式。

8.1.2 创建长度型尺寸

标注长度尺寸一般可使用以下两种方法。

- 通过在标注对象上指定尺寸线起始点及终止点来创建尺寸标注。
- 直接选取要标注的对象。

DIMLINEAR 命令可以用于标注水平、竖直及倾斜方向的尺寸。标注时，若要使尺寸线倾斜，则输入"R"选项，然后输入尺寸线倾角即可。

标注水平、竖直及倾斜方向尺寸

1. 创建一个名为"尺寸标注"的图层，并使该层成为当前层。
2. 打开对象捕捉，设置捕捉类型为"端点"、"圆心"和"交点"。
3. 单击【注释】面板上的 [线性 ·] 按钮，启动 DIMLINEAR 命令。

    命令: _dimlinear

    指定第一条延伸线原点或 <选择对象>:   //捕捉端点 A, 如图 8-9 所示

    指定第二条延伸线原点: //捕捉端点 B

    指定尺寸线位置或[多行文字(M)/文字(T)/角度(A)/水平(H)/垂直(V)/旋转(R)]:

                //向左移动鼠标光标，将尺寸线放置在适当位置，单击鼠标左键结束

    命令:DIMLINEAR   //重复命令

    指定第一条延伸线原点或 <选择对象>:   //按 Enter 键

    选择标注对象: //选择线段 C

    指定尺寸线位置: //向上移动鼠标光标，将尺寸线放置在适当位置，单击鼠标左键结束

    继续标注尺寸"180"和"61"，结果如图 8-9 所示。

图8-9 标注长度型尺寸

DIMLINEAR 命令的选项介绍如下。

- 多行文字(M): 使用该选项时打开【在位文字编辑器】，利用此编辑器用户可输入新的标注文字。

[要点提示] 若用户修改了系统自动标注的文字，则会失去尺寸标注的关联性，即尺寸数字不随标注对象的改变而改变。

- 文字(T)：使用此选项可以在命令行上输入新的尺寸文字。
- 角度(A)：通过此选项设置文字的放置角度。
- 水平(H)/垂直(V)：创建水平或垂直型尺寸，用户也可通过移动鼠标光标来指定创建何种类型的尺寸。若左右移动鼠标光标，则生成垂直尺寸；若上下移动鼠标光标，则生成水平尺寸。
- 旋转(R)：使用 DIMLINEAR 命令时，AutoCAD 自动将尺寸线调整成水平或竖直方向。"旋转(R)"选项可使尺寸线倾斜一定角度，因此可利用此选项标注倾斜的对象，如图 8-10 所示。

图8-10　使尺寸线倾斜一个角度

8.1.3　创建对齐尺寸标注

标注倾斜对象的真实长度可使用对齐尺寸，对齐尺寸的尺寸线平行于倾斜的标注对象。如果用户是选择两个点来创建对齐尺寸，则尺寸线与两点的连线平行。

创建对齐尺寸

1. 单击【注释】面板上的 对齐 按钮，启动 DIMALIGNED 命令。

   命令：_dimaligned
   指定第一条延伸线原点或 <选择对象>：　　　　　　　　　//捕捉 D 点，如图 8-11 所示
   指定第二条延伸线原点：per 到　　　　　　　　　　　　//捕捉垂足 E
   指定尺寸线位置或[多行文字(M)/文字(T)/角度(A)]：　//移动鼠标光标，指定尺寸线的位置
   命令：DIMALIGNED　　　　　　　　　　　　　　　　　　//重复命令
   指定第一条延伸线原点或 <选择对象>：　　　　　　　　　//捕捉 F 点
   指定第二条延伸线原点：　　　　　　　　　　　　　　　//捕捉 G 点
   指定尺寸线位置或[多行文字(M)/文字(T)/角度(A)]：　//移动鼠标光标，指定尺寸线的位置
   结果如图 8-11 左图所示。

2. 选择尺寸"36"或"38"，再选中文字处的关键点，移动鼠标光标，调整文字及尺寸线的位置，最后标注尺寸"18"，结果如图 8-11 右图所示。

图8-11　标注对齐尺寸

8.1.4 创建连续型和基线型尺寸标注

连续型尺寸标注是一系列首尾相连的标注形式，而基线型尺寸是指所有的尺寸都从同一点开始标注，即公用一条尺寸界线。在创建这两种形式的尺寸时，应首先建立一个尺寸标注，然后发出标注命令。

创建连续型和基线型尺寸标注

1. 利用关键点编辑方式向下调整尺寸"180"的尺寸线位置，然后标注连续尺寸，如图 8-12 所示。

命令：_dimlinear	//标注尺寸"26"，如图 8-12 左图所示
指定第一条延伸线原点或 <选择对象>：	//捕捉 H 点
指定第二条延伸线原点：	//捕捉 I 点
指定尺寸线位置：	//移动鼠标光标，指定尺寸线的位置

    打开【标注】工具栏，单击该工具栏上的 ⊞ 按钮，启动创建连续标注命令。

命令：_dimcontinue	
指定第二条延伸线原点或 [放弃(U)/选择(S)] <选择>：	//捕捉 J 点
指定第二条延伸线原点或 [放弃(U)/选择(S)] <选择>：	//捕捉 K 点
指定第二条延伸线原点或 [放弃(U)/选择(S)] <选择>：	//捕捉 L 点
指定第二条延伸线原点或 [放弃(U)/选择(S)] <选择>：	//按 Enter 键
选择连续标注：	//按 Enter 键结束

    结果如图 8-12 左图所示。

2. 标注尺寸"15"、"33"、"28"等，结果如图 8-12 右图所示。

图8-12　创建连续型尺寸及调整尺寸线的位置

3. 利用关键点编辑方式向上调整尺寸"100"的尺寸线位置，然后创建基线型尺寸，如图 8-13 所示。

命令：_dimlinear	//标注尺寸"25"，如图 8-13 左图所示
指定第一条延伸线原点或 <选择对象>：	//捕捉 M 点
指定第二条延伸线原点：	//捕捉 N 点
指定尺寸线位置：	//移动鼠标光标，指定尺寸线的位置

    单击【标注】工具栏上的 ⊢ 按钮，启动创建基线型尺寸命令。

命令：_dimbaseline	
指定第二条延伸线原点或 [放弃(U)/选择(S)] <选择>：	//捕捉 O 点
指定第二条延伸线原点或 [放弃(U)/选择(S)] <选择>：	//捕捉 P 点

指定第二条延伸线原点或 [放弃(U)/选择(S)] <选择>： //按 Enter 键

选择基准标注： //按 Enter 键结束

结果如图 8-13 左图所示。

4. 打开正交模式，用 STRETCH 命令将虚线矩形框 *Q* 内的尺寸线向左调整，然后标注尺寸 "20"，结果如图 8-13 右图所示。

图8-13 创建基线型尺寸及调整尺寸线的位置

当用户创建一个尺寸标注后，紧接着启动基线或连续标注命令，则 AutoCAD 将以该尺寸的第一条尺寸界线为基准线生成基线型尺寸，或者以该尺寸的第二条尺寸界线为基准线建立连续型尺寸。若不想在前一个尺寸的基础上生成连续型或基线型尺寸，就按 Enter 键，AutoCAD 提示"选择连续标注"或"选择基准标注"，此时，选择某条尺寸界线作为建立新尺寸的基准线。

8.1.5 创建角度尺寸

国标规定角度数字一律水平书写，一般注写在尺寸线的中断处，必要时可注写在尺寸线的上方或外面，也可画引线标注。

为使角度数字的放置形式符合国标，用户可采用当前尺寸样式的覆盖方式标注角度。

利用当前尺寸样式的覆盖方式标注角度

1. 单击【标注】工具栏上的 ⚏ 按钮，打开【标注样式管理器】对话框。

2. 单击 替代(O)... 按钮（注意不要使用 修改(M)... 按钮），打开【替代当前样式】对话框，进入【文字】选项卡，在【文字对齐】分组框中选择【水平】单选项，如图 8-14 所示。

图8-14 【替代当前样式】对话框

3. 返回绘图窗口，标注角度尺寸，角度数字将水平放置，如图 8-15 所示。

   单击【标注】工具栏上的 △ 按钮，启动标注角度命令。

   命令：_dimangular

   选择圆弧、圆、直线或 <指定顶点>：　　　　　　　　//选择线段 A

   选择第二条直线：　　　　　　　　　　　　　　　　//选择线段 B

   指定标注弧线位置或 [多行文字(M)/文字(T)/角度(A)/象限点(Q)]：

   　　　　　　　　　　　　　　　　　　　//移动鼠标光标，指定尺寸线的位置

   命令：_dimcontinue　　　　　　　　　　　　　　//启动连续标注命令

   指定第二条延伸线原点或 [放弃(U)/选择(S)] <选择>：//捕捉 C 点

   指定第二条延伸线原点或 [放弃(U)/选择(S)] <选择>：//按 Enter 键

   选择连续标注：　　　　　　　　　　　　　　　　//按 Enter 键结束

图8-15　标注角度尺寸

8.1.6　直径和半径型尺寸

　　在标注直径和半径尺寸时，AutoCAD 自动在标注文字前面加入 "φ" 或 "R" 符号。实际标注中，直径和半径型尺寸的标注形式多种多样，若通过当前样式的覆盖方式进行标注就非常方便。

　　上一小节已设定尺寸样式的覆盖方式，使尺寸数字水平放置，下面继续标注直径和半径尺寸，这些尺寸的标注文字也将处于水平方向。

利用当前尺寸样式的覆盖方式标注直径和半径尺寸

1. 创建直径和半径尺寸，如图 8-16 所示。

   单击【标注】面板上的 按钮，启动标注直径命令。

   命令：_dimdiameter

   选择圆弧或圆：　　　　　　　　　　　　　　　　　　//选择圆 D

   指定尺寸线位置或 [多行文字(M)/文字(T)/角度(A)]：t　//使用 "文字(T)" 选项

   输入标注文字 <10>：3-%%C10　　　　　　　　　　　　//输入标注文字

   指定尺寸线位置或 [多行文字(M)/文字(T)/角度(A)]://移动鼠标光标，指定标注文字的位置单击【标注】面板上的按钮，启动半径标注命令。

命令：_dimradius

选择圆弧或圆： //选择圆弧 E

指定尺寸线位置或 [多行文字(M)/文字(T)/角度(A)]: //移动鼠标光标，指定标注文字的位置

继续标注直径尺寸 "φ20" 及半径尺寸 "R3"，结果如图 8-16 所示。

图8-16　创建直径和半径尺寸

2. 取消当前样式的覆盖方式，恢复原来的样式。单击![]按钮，进入【标注样式管理器】对话框，在此对话框的列表框中选择 "工程标注"，然后单击![置为当前(U)]按钮，此时系统打开一个提示性对话框，继续单击[　确定　]按钮完成。

3. 标注尺寸 "32"、"24"、"12" 及 "20"，然后利用关键点编辑方式调整尺寸线的位置，结果如图 8-17 所示。

图8-17　利用关键点编辑方式调整尺寸线的位置

8.2　利用角度尺寸样式簇标注角度

前面标注角度时采用了尺寸样式的覆盖方式进行标注，使标注数字水平放置。除采用此种方法创建角度尺寸外，用户还可利用角度尺寸样式簇标注角度。样式簇是已有尺寸样式（父样式）的子样式，该子样式用于控制某种特定类型尺寸的外观。

【练习8-2】：　　打开附盘文件"dwg\第 8 章\8-2.dwg"，利用角度尺寸样式簇标注角度，如图8-18所示。

图8-18　标注角度

1. 单击【标注】面板上的 ▨ 按钮，打开【标注样式管理器】对话框，再单击 新建(N)... 按钮，打开【创建新标注样式】对话框，在【用于】下拉列表中选择【角度标注】，如图8-19所示。

2. 单击 继续 按钮，打开【新建标注样式】对话框，进入【文字】选项卡，在该选项卡【文字对齐】分组框中选择【水平】单选项，如图8-20所示。

3. 选择【主单位】选项卡，在【角度标注】分组框中设置单位格式为"度/分/秒"，精度为"0d00′"，单击 确定 按钮完成。

4. 返回 AutoCAD 主窗口，单击 △ 按钮，创建角度尺寸"85° 15′"，然后单击 ▥ 按钮，创建连续标注，结果参见图8-18。所有这些角度尺寸的外观由样式簇控制。

图8-19　【创建新标注样式】对话框

图8-20　【新建标注样式】对话框

8.3　标注尺寸公差及形位公差

创建尺寸公差的方法有以下两种。

(1) 利用尺寸样式的覆盖方式标注尺寸公差，公差的上、下偏差值可在【替代当前样式】对话框的【公差】选项卡中设置。

(2) 标注时，利用"多行文字(M)"选项打开在位文字编辑器，然后采用堆叠文字方式标注公差。

标注形位公差可使用 TOLERANCE 及 QLEADER 命令，前者只能产生公差框格，而后者既能形成公差框格又能形成标注指引线。

【练习8-3】： 打开附盘文件 "dwg\第 8 章\8-3.dwg"，利用当前样式覆盖方式标注尺寸公差，如图 8-21 所示。

图8-21　创建尺寸公差

1. 打开【标注样式管理器】对话框，单击 替代(O)... 按钮，打开【替代当前样式】对话框，进入【公差】选项卡，弹出新的一页，如图 8-22 所示。

2. 在【方式】、【精度】和【垂直位置】下拉列表中分别选择 "极限偏差"、"0.000" 和 "中"，在【上偏差】、【下偏差】和【高度比例】框中分别输入 "0.039"、"0.015" 和 "0.75"，如图 8-22 所示。

图8-22　【替代当前样式】对话框

3. 返回 AutoCAD 图形绘制窗口，发出 DIMLINEAR 命令，AutoCAD 提示如下。

　　命令: _dimlinear
　　指定第一条延伸线原点或 <选择对象>:　　　　　//捕捉交点 A，如图 8-21 所示
　　指定第二条延伸线原点:　　　　　　　　　　　//捕捉交点 B
　　指定尺寸线位置或[多行文字(M)/文字(T)/角度(A)/水平(H)/垂直(V)/旋转(R)]:
　　　　　　　　　　　　　　　　　　　　　　　//移动鼠标光标，指定标注文字的位置

结果如图 8-21 所示。

【练习8-4】： 打开附盘文件 "dwg\第 8 章\8-4.dwg"，用 QLEADER 命令标注形位公差，如图 8-23 所示。

图8-23　标注形位公差

1. 键入 QLEADER 命令，AutoCAD 提示"指定第一个引线点或[设置(S)]<设置>"，直接按 Enter 键，打开【引线设置】对话框，在【注释】选项卡中选择【公差】单选项，如图 8-24 所示。

图8-24 【引线设置】对话框

2. 单击 确定 按钮，AutoCAD 提示如下。

　　指定第一个引线点或 [设置(S)]<设置>：nea 到 　　//在轴线上捕捉点 A，如图 8-23 所示
　　指定下一点：<正交 开> 　　　　　　　　　　　　//打开正交并在 B 点处单击一点
　　指定下一点： 　　　　　　　　　　　　　　　　//在 C 点处单击一点

AutoCAD 打开【形位公差】对话框，在此对话框中输入公差值，如图 8-25 所示。

图8-25 【形位公差】对话框

3. 单击 确定 按钮，结果参见图 8-23。

8.4 引线标注

MLEADER 命令用于创建引线标注，引线标注由箭头、引线、基线（引线与标注文字间的线）、多行文字或图块组成，如图 8-26 所示，其中箭头的形式、引线外观、文字属性及图块形状等由引线样式控制。

图8-26 引线标注

选中引线标注对象，利用关键点移动基线，则引线、文字和图块随之移动。若利用关键点移动箭头，则只有引线跟随移动，基线、文字和图块不动。

【练习8-5】：　　打开附盘文件"dwg\第 8 章\8-5.dwg"，用 MLEADER 命令创建引线标注，如图 8-27 所示。

图8-27　创建引线标注

1. 单击【注释】面板上的按钮，打开【多重引线样式管理器】对话框，如图 8-28 所示，利用该对话框可新建、修改、重命名或删除引线样式。

图8-28　【多重引线样式管理器】对话框

2. 单击 修改(M)… 按钮，打开【修改多重引线样式】对话框，在该对话框中完成以下设置。

• 【引线格式】选项卡设置的选项如图 8-29 所示。

图8-29　【引线格式】选项卡

• 【引线结构】选项卡设置的选项如图 8-30 所示。

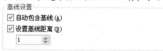

图8-30　【引线结构】选项卡

文本框中的数值表示基线的长度。

• 【内容】选项卡设置的选项如图 8-31 所示。其中，【基线间隙】栏中的数值表示基线与标注文字间的距离。

图8-31　【修改多重引线样式】对话框

3. 单击【注释】面板上的 ⌐多重引线 按钮，启动创建引线标注命令。

命令：_mleader

指定引线箭头的位置或 [引线基线优先(L)/内容优先(C)/选项(O)] <选项>：
　　　　　　　　　　　　　　　//指定引线起始点 A，如图 8-27 所示

指定引线基线的位置：　　　　　　　　//指定引线下一个点 B
　　　　　　　　　//启动在位文字编辑器，然后输入标注文字 "φ4×120°"

重复命令，创建另一个引线标注，结果参见图 8-27。

> **要点提示** 创建引线标注时，若文本或指引线的位置不合适，则可利用关键点编辑方式进行调整。

8.5 编辑尺寸标注

编辑尺寸标注主要包括以下几方面。

(1) 修改标注文字。修改标注文字的最佳方法是使用 DDEDIT 命令，发出该命令后，用户可以连续地修改想要编辑的尺寸。

(2) 调整标注位置。关键点编辑方式非常适合于移动尺寸线和标注文字，进入这种编辑模式后，一般利用尺寸线两端或标注文字所在处的关键点来调整标注位置。

(3) 对于平行尺寸线间的距离可用 DIMSPACE 命令调整，该命令可使平行尺寸线按用户指定的数值等间距分布。

(4) 编辑尺寸标注属性。使用 PROPERTIES 命令可以非常方便地编辑尺寸标注属性。用户一次选取多个尺寸标注，启动 PROPERTIES 命令，AutoCAD 打开【特性】对话框，在此对话框中可修改标注字高、文字样式及总体比例等属性。

(5) 修改某一尺寸标注的外观。先通过尺寸样式的覆盖方式调整样式，然后利用【标注】工具栏上的 ⊢◁ 按钮去更新尺寸标注。

【练习8-6】： 打开附盘文件 "dwg\第 8 章\8-6.dwg"，如图 8-32 左图所示，修改标注文字内容及调整标注位置，结果如图 8-32 右图所示。

图8-32　编辑尺寸标注

1. 用 DDEDIT 命令将尺寸 "40" 修改为 "40±0.10"。

2. 选择尺寸 "40±0.10"，并激活文本所在处的关键点，AutoCAD 自动进入拉伸编辑模式，向右移动鼠标光标，调整文本的位置，结果如图 8-33 所示。

3. 单击【标注】面板上的 按钮，打开【标注样式管理器】对话框，再单击 `替代(O)...` 按钮，打开【替代当前样式】对话框，进入【主单位】选项卡，在【前缀】栏中输入直径代号 "%%C"。

4. 返回图形绘制窗口，单击【标注】面板上的 按钮，AutoCAD 提示 "选择对象"，选择尺寸 "127" 及 "106"，按 Enter 键，结果如图 8-34 所示。

图8-33　修改标注文字内容

图8-34　更新尺寸标注

5. 调整平行尺寸线间的距离，如图 8-35 所示。

   单击【标注】工具栏上的 按钮，启动 DIMSPACE 命令。

   ```
   命令: _DIMSPACE
   选择基准标注:                               //选择 "φ20"
   选择要产生间距的标注:找到 1 个              //选择 "φ64"
   选择要产生间距的标注:找到 1 个, 总计 2 个   //选择 "φ106"
   选择要产生间距的标注:找到 1 个, 总计 3 个   //选择 "φ127"
   选择要产生间距的标注:                        //按 Enter 键
   输入值或 [自动(A)] <自动>: 12               //输入间距值并按 Enter 键
   ```

6. 用 PROPERTIES 命令将所有标注文字的高度改为 3.5，然后利用关键点编辑方式调整部分标注文字的位置，结果如图 8-36 所示。

图8-35　调整平行尺寸线间的距离

图8-36　修改标注文字的高度

8.6 上机练习——尺寸标注综合训练

下面提供平面图形及零件图的标注练习，练习内容包括标注尺寸、创建尺寸公差和形位公差、标注表面粗糙度及选用图幅等。

8.6.1 标注平面图形

【练习8-7】： 打开附盘文件"dwg\第 8 章\8-7.dwg"，标注该图形，结果如图 8-37 所示。

图8-37 标注平面图形（1）

1. 建立一个名为"标注层"的图层，设置图层颜色为绿色，线型为 Continuous，并使其成为当前层。
2. 创建新文字样式，样式名为"标注文字"，与该样式相连的字体文件是"gbeitc.shx"和"gbcbig.shx"。
3. 创建一个尺寸样式，名称为"国标标注"，对该样式做以下设置。
    *   标注文本连接"标注文字"，文字高度为 2.5，精度为 0.0，小数点格式是"句点"。
    *   标注文本与尺寸线间的距离为 0.8。
    *   箭头大小为 2。
    *   尺寸界线超出尺寸线长度为 2。
    *   尺寸线起始点与标注对象端点间的距离为 0。
    *   标注基线尺寸时，平行尺寸线间的距离为 6。
    *   标注全局比例因子为 2。
    *   使"国标标注"成为当前样式。
4. 打开对象捕捉，设置捕捉类型为"端点"和"交点"，标注尺寸，结果参见图 8-37。

【练习8-8】： 打开附盘文件 "dwg\第 8 章\8-8.dwg"，标注该图形，结果如图 8-38 所示。

图8-38 标注平面图形（2）

【练习8-9】： 打开附盘文件 "dwg\第 8 章\8-9.dwg"，标注该图形，结果如图 8-39 所示。

图8-39 创建尺寸公差及形位公差

8.6.2 标注组合体尺寸

【练习8-10】： 打开附盘文件 "dwg\第 8 章\8-10.dwg"，标注该组合体尺寸，如图 8-40 所示。

图8-40 标注组合体尺寸（1）

1. 标注圆柱体的定形尺寸，如图 8-41 所示。

图8-41 创建圆柱体定形尺寸

2. 标注底板的定形尺寸及其上孔的定位尺寸，如图 8-42 所示。

图8-42 创建底板的定形及定位尺寸

3. 标注三角形肋板及右顶板的定形及定位尺寸，如图 8-43 所示。

图8-43 创建肋板及右顶板定形及定位尺寸

【练习8-11】：打开附盘文件"dwg\第 8 章\8-11.dwg"，标注该组合体尺寸，如图 8-44 所示。

图8-44　标注组合体尺寸（2）

8.6.3　插入图框、标注零件尺寸及表面粗糙度

【练习8-12】：打开附盘文件"dwg\第 8 章\8-12.dwg"，标注传动轴零件图，标注结果如图 8-45 所示。零件图图幅选用 A3 幅面，绘图比例为 2:1，标注字高为 2.5，字体为"gbeitc.shx"，标注总体比例因子为 0.5。此练习的目的是掌握零件图尺寸标注的步骤和技巧。

图8-45　标注传动轴零件图

1. 打开包含标准图框及表面粗糙度符号的图形文件"dwg\第 8 章\A3.dwg"，如图 8-46 所示。在图形窗口中单击鼠标右键，弹出快捷菜单，选择【带基点复制】选项，然后指定 A3 图框的右下角为基点，再选择该图框及表面粗糙度符号。

图8-46　复制图框

2. 切换到当前零件图，在图形窗口中单击鼠标右键，弹出快捷菜单，选择【粘贴】选项，把 A3 图框复制到当前图形中，结果如图 8-47 所示。

图8-47　粘贴图框

3. 用 SCALE 命令把 A3 图框和表面粗糙度符号缩小 50%。

4. 创建新文字样式，样式名为"标注文字"，与该样式相连的字体文件是"gbeitc.shx"和"gbcbig.shx"。

5. 创建一个尺寸样式，名称为"国标标注"，对该样式做以下设置。
   - 标注文本连接"标注文字"，文字高度为 2.5，精度为 0.0，小数点格式为"句点"。
   - 标注文本与尺寸线间的距离为 0.8。
   - 箭头大小为 2。
   - 尺寸界线超出尺寸线长度为 2。
   - 尺寸线起始点与标注对象端点间的距离为 0。
   - 标注基线尺寸时，平行尺寸线间的距离为 6。
   - 标注全局比例因子为 0.5（绘图比例的倒数）。
   - 使"国标标注"成为当前样式。

6. 用 MOVE 命令将视图放入图框内，创建尺寸，再用 COPY 及 ROTATE 命令标注表面粗糙度，结果参见图 8-45。

【练习8-13】：　打开附盘文件"dwg\第 8 章\8-13.dwg"，标注微调螺杆零件图，标注结果如图 8-48 所示。图幅选用 A3，绘图比例为 2:1，尺寸文字字高为 3.5，技术要求中的文字字高分别为 5 和 3.5，中文字体采用"gbcbig.shx"，西文字体采用"gbeitc.shx"。

图8-48　标注微调螺杆零件图

【练习8-14】： 打开附盘文件"dwg\第 8 章\8-14.dwg"，标注传动箱盖零件图，标注结果如图 8-49 所示。图幅选用 A3，绘图比例为 1:2.5，尺寸文字字高为 3.5，技术要求中的文字字高分别为 5 和 3.5，中文字体采用"gbcbig.shx"，西文字体采用"gbeitc.shx"。

图8-49 标注传动箱盖零件图

【练习8-15】： 打开附盘文件"dwg\第 8 章\8-15.dwg"，标注尾座零件图，标注结果如图 8-50 所示。图幅选用 A3，绘图比例为 1:1，尺寸文字字高为 3.5，技术要求中的文字字高分别为 5 和 3.5，中文字体采用"gbcbig.shx"，西文字体采用"gbeitc.shx"。

图8-50 标注尾座零件图

8.7 习题

1. 打开附盘文件 "dwg\第 8 章\8-16.dwg"，标注该图形，结果如图 8-51 所示。

图8-51 标注平面图形

2. 打开附盘文件 "dwg\第 8 章\8-17.dwg"，标注法兰盘零件图，结果如图 8-52 所示。零件图图幅选用 A3 幅面，绘图比例为 1:1.5，标注字高为 3.5，字体为 "gbeitc.shx"，标注全局比例因子为 1.5。

图8-52 标注法兰盘零件图

第9章 查询信息、图块及设计工具

【学习目标】
- 查询距离、面积及周长等信息。
- 创建图块、插入图块。
- 创建参数化动态块。
- 创建及编辑块属性。
- 引用外部图形。
- 更新当前图形中的外部引用。
- 使用设计中心及工具选项板。

9.1 获取图形信息的方法

本节介绍获取图形信息的一些命令。

9.1.1 获取点的坐标

ID 命令用于查询图形对象上某点的绝对坐标，坐标值以"X, Y, Z"形式显示出来。对于二维图形，Z坐标值为零。

【练习9-1】： 练习 ID 命令。

打开附盘文件"dwg\第 9 章\9-1.dwg"。单击【实用工具】面板上的 按钮，启动 ID 命令，AutoCAD 提示如下。

图9-1 查询点的坐标

```
命令：'_id 指定点：cen 于        //捕捉圆心 A，如图 9-1 所示
X = 1463.7504   Y = 1166.5606   Z = 0.0000   //AutoCAD 显示圆心坐标值
```

要点提示 ID 命令显示的坐标值与当前坐标系的位置有关。如果用户创建新坐标系，则 ID 命令测量的同一点坐标值也将发生变化。

9.1.2 测量距离

DIST 或 MEA 命令（【距离】选项）可测量距离及连续线的长度。使用 MEA 命令时，屏幕上将显示测量结果。

【练习9-2】： 练习 DIST 命令。

打开附盘文件"dwg\第 9 章\9-2.dwg"。单击【实用工具】面板上的 按钮，启动 DIST 命令，AutoCAD 提示如下。

```
命令：'_dist 指定第一点：end 于              //捕捉端点 A，如图 9-2 所示
```

指定第二个点或 [多个点(M)]: end 于   //捕捉端点 *B*

距离 = 206.9383, XY 平面中的倾角 = 106,   与 XY 平面的夹角 = 0

X 增量 = –57.4979,   Y 增量 = 198.7900,   Z 增量 = 0.0000

DIST 命令显示的测量值的意义如下。

* 距离：两点间的距离。
* XY 平面中的倾角：两点连线在 *xy* 平面上的投影与 *x* 轴间的
  夹角，如图 9-3 所示。
* 与 XY 平面的夹角：两点连线与 *xy* 平面间的夹角。
* X 增量：两点的 *x* 坐标差值。
* Y 增量：两点的 *y* 坐标差值。
* Z 增量：两点的 *z* 坐标差值。

图9-2　测量距离

要点提示 使用 DIST 命令时，两点的选择顺序不影响距离值，但影响该命令的其他测量值。

(1) 计算线段构成的连续线长度。

启动 DIST 或 MEA 命令，选择【多个点(M)】选项，然后指定连续线的端点就能计算出
连续线的长度，如图 9-3 所示。

(2) 计算包含圆弧的连续线长度。

启动 DIST 或 MEA 命令，选择【多个点(M)】/【圆弧(A)】或【长度(L)】选项，就可以
像绘制多段线一样测量含圆弧的连续线的长度，如图 9-3 所示。

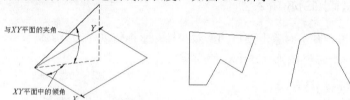

图9-3　测量距离及长度

启动 MEA 命令后，AutoCAD 打开动态提示，在屏幕上显示测量的结果。完成一次测
量的同时将弹出快捷菜单，单击【距离】选项，可继续测量距离另一条连续线的长度。

9.1.3　测量半径及直径

单击【实用工具】面板上的 按钮，选择圆弧或圆，AutoCAD 打开动态提示，在屏幕
上显示测量的结果，如图 9-4 所示。完成一次测量的同时将弹出快捷菜单，单击其中的选
项，可继续进行测量。

图9-4　测量半径及直径

9.1.4 测量角度

单击【实用工具】面板上的 按钮可测量角度。

(1) 两条线段的夹角：单击 按钮，选择夹角的两条边，如图 9-5 左图所示。

(2) 测量圆心角：单击 按钮，选择圆弧或在圆上选择两点，如图 9-5 中图所示。

(3) 测量 3 点构成的角度：单击 按钮，先选择夹角的顶点，再选择另外两点，如图 9-5 右图所示。

图9-5 测量角度

9.1.5 计算图形面积及周长

AREA 或 MEA 命令（【面积】选项）可测量图形面积及周长。使用 MEA 命令时，屏幕上将显示测量结果。

(1) 测量多边形区域的面积及周长。

启动 AREA 或 MEA 命令，然后指定折线的端点就能计算出折线包围区域的面积及周长，如图 9-6 左图所示。若折线不闭合，则 AutoCAD 假定将其闭合进行计算，所得周长是折线闭合后的数值。

(2) 测量包含圆弧区域的面积及周长。

启动 AREA 或 MEA 命令，选择【圆弧(A)】或【长度(L)】选项，就可以像创建多段线一样"绘制"图形的外轮廓，如图 9-6 右图所示。"绘制"完成，AutoCAD 显示面积及周长。

若轮廓不闭合，则 AutoCAD 假定将其闭合进行计算，所得周长是轮廓闭合后的数值。

图9-6 测量图形面积及周长

【练习9-3】： 用 MEA 命令计算图形面积，如图 9-7 所示。

图9-7 测量图形面积

打开附盘文件 "dwg\第 9 章\9-3.dwg"。单击【实用工具】选项卡中【查询】面板上的
🗅 按钮，启动 MEA 命令，AutoCAD 提示如下。

命令：_MEASUREGEOM	
指定第一个角点或 [增加面积(A)] <对象(O)>：a	//使用"增加面积(A)"选项
指定第一个角点：	//捕捉 A 点
（"加"模式）指定下一个点：	//捕捉 B 点
（"加"模式）指定下一个点或 [圆弧(A)]：a	//使用"圆弧(A)"选项
指定圆弧的端点或[第二个点(S)]：s	//使用"第二个点(S)"选项
指定圆弧上的第二个点：nea 到	//捕捉圆弧上的一点
指定圆弧的端点：	//捕捉 C 点
指定圆弧的端点或[直线(L)]：l	//使用"直线(L)"选项
（"加"模式）指定下一个点：	//捕捉 D 点
（"加"模式）指定下一个点：	//捕捉 E 点
（"加"模式）指定下一个点：	//按 Enter 键
面积 = 933629.2416，周长 = 4652.8657	
总面积 = 933629.2416	
指定第一个角点或 [减少面积(S)]：s	//使用"减少面积(S)"选项
指定第一个角点或 [对象(O)]：o	//使用"对象(O)"选项
（"减"模式）选择对象：	//选择圆
面积 = 36252.3386，圆周长 = 674.9521	
总面积 = 897376.9029	
（"减"模式）选择对象：	//按 Enter 键结束

命令选项

(1) 对象(O)：求出所选对象的面积，有以下两种情况。

- 用户选择的对象是圆、椭圆、面域、正多边形及矩形等闭合图形。
- 对于非封闭的多段线及样条曲线，AutoCAD 将假定有一条连线使其闭合，然后计算出闭合区域的面积，而所计算出的周长却是多段线或样条曲线的实际长度。

(2) 增加面积(A)：进入"加"模式。该选项使用户可以将新测量的面积加入到总面积中。

(3) 减少面积(S)：利用此选项可使 AutoCAD 把新测量的面积从总面积中扣除。

 可以将复杂的图形创建成面域，然后利用"对象(O)"选项查询面积及周长。

9.1.6 列出对象的图形信息

LIST 命令将列表显示对象的图形信息，这些信息随对象类型不同而不同，一般包括以下内容。

- 对象类型、图层及颜色等。
- 对象的一些几何特性，如线段的长度、端点坐标、圆心位置、半径大小、圆的面积及周长等。

【练习9-4】： 练习 LIST 命令。

打开附盘文件 "dwg\第 9 章\9-4.dwg"。单击【特性】面板上的 ▤ 按钮，启动 LIST 命令，AutoCAD 提示如下。

```
命令：_list
选择对象：找到 1 个          //选择圆，如图 9-8 所示
选择对象：//按 Enter 键结束，AutoCAD 打开【文本窗口】
圆          图层：0
空间：模型空间
句柄 = 1e9
圆心 点，X=1643.5122  Y=1348.1237  Z=    0.0000
半径    59.1262
周长   371.5006
面积  10982.7031
```

图9-8　列出对象的几何信息

 可以将复杂的图形创建成面域，然后用 LIST 命令查询面积及周长等。

9.1.7 查询图形信息综合练习

【练习9-5】： 打开附盘文件 "dwg\第 9 章\9-5.dwg"，如图 9-9 所示，计算该图形面积及周长。

1. 用 REGION 命令将图形外轮廓线框及内部线框创建成面域。
2. 用外轮廓线框构成的面域"减去"内部线框构成的面域。
3. 用 LIST 查询面域的面积和周长，结果面积等于 12825.2162，周长等于 643.8560。

图9-9　计算面积及周长

【练习9-6】： 打开附盘文件 "dwg\第 9 章\9-6.dwg"，如图 9-10 所示。试计算：

(1) 图形外轮廓线的周长。
(2) 线框 *A* 的周长及围成的面积。
(3) 3 个圆弧槽的总面积。
(4) 去除圆弧槽及内部异形孔后的图形总面积。

1. 用 REGION 命令将图形外轮廓线围成的区域创建成面域，然后用 LIST 命令获取外轮廓线框的周长，数值为 758.56。
2. 把线框 *A* 围成的区域创建成面域，再用 LIST 命令查询该面域的周长和面积，数值分别为 292.91 和 3421.76。

图9-10　计算面积及周长

3. 将 3 个圆弧槽创建成面域，然后利用 AREA 命令的"增加面积(A)"选项计算 3 个槽的总面积，数值为 4108.50。
4. 用外轮廓线面域"减去" 3 个圆弧槽面域及内部异形孔面域，再用 LIST 命令查询图形总面积，数值为 17934.85。

9.2 图块

在机械工程中有大量反复使用的标准件，如轴承、螺栓和螺钉等。由于某种类型的标准件其结构形状是相同的，只是尺寸、规格有所不同，因而作图时，常事先将它们生成图块，当用到标准件时只需插入已定义的图块即可。

9.2.1 定制及插入标准件块

用 BLOCK 命令可以将图形的一部分或整个图形创建成图块，用户可以给图块起名，并可定义插入基点。

用户可以使用 INSERT 命令在当前图形中插入块或其他图形文件。无论块或被插入的图形多么复杂，AutoCAD 都将它们作为一个单独的对象，如果用户需编辑其中的单个图形元素，就必须分解图块或文件块。

【练习9-7】：　创建及插入图块。

1. 打开附盘文件 "dwg\第 9 章\9-7.dwg"，如图 9-11 所示。
2. 单击【常用】选项卡中【块】面板上的 按钮，或输入 BLOCK 命令，AutoCAD 打开【块定义】对话框，在【名称】文本框中输入块名 "螺栓"，如图 9-12 所示。

图9-11　创建及插入图块

图9-12　【块定义】对话框

3. 选择构成块的图形元素。单击 按钮（选择对象），AutoCAD 返回绘图窗口，并提示 "选择对象"，选择 "螺栓头及垫圈"，如图 9-11 所示。
4. 指定块的插入基点。单击 按钮（拾取点），AutoCAD 返回绘图窗口，并提示 "指定插入基点"，拾取 A 点，如图 9-11 所示。
5. 单击 确定 按钮，AutoCAD 生成图块。
6. 插入图块。单击【常用】选项卡【块】面板上的 按钮，或输入 INSERT 命令，AutoCAD 打开【插入】对话框，在【名称】下拉列表中选择 "螺栓" 选项，并在【插入点】、【比例】及【旋转】分组框中选择【在屏幕上指定】复选项，如图 9-13 所示。
7. 单击 确定 按钮，AutoCAD 提示如下。

　　命令: _insert

　　指定插入点或 [基点(B)/比例(S)/X/Y/Z/旋转(R)]: int 于

　　　　　　　　　　　　　　　　　　　　　//指定插入点 B，如图 9-14 所示

　　输入 X 比例因子，指定对角点，或 [角点(C)/XYZ(XYZ)] <1>: 1

　　　　　　　　　　　　　　　　　　　　　//输入 x 方向缩放比例因子

　　输入 Y 比例因子或 <使用 X 比例因子>: 1　　//输入 y 方向缩放比例因子

　　指定旋转角度 <0>: -90　　　　　　　　　//输入图块的旋转角度

结果如图 9-14 所示。

可以指定 x、y 方向的负缩放比例因子，此时插入的图块将作镜像变换。

图9-13　【插入】对话框

图9-14　插入图块

8. 插入其余图块。

【块定义】及【插入】对话框中常用选项的功能如表 9-1 所示。

表 9-1　　　　　　　　　　　　　常用选项的功能

对话框	选项	功能
【块定义】	【名称】	在此列表框中输入新建图块的名称
	【选择对象】	单击此按钮，AutoCAD 切换到绘图窗口，用户在绘图区中选择构成图块的图形对象
	【拾取点】	单击此按钮，AutoCAD 切换到绘图窗口，用户可直接在图形中拾取某点作为块的插入基点
	【保留】	AutoCAD 生成图块后，还保留构成块的源对象
	【转换为块】	AutoCAD 生成图块后，把构成块的原对象也转化为块
【插入】	【名称】	通过这个下拉列表，选择要插入的块。如果要将".dwg"文件插入到当前图形中，就单击 浏览(B)... 按钮，然后选择要插入的文件
	【统一比例】	使块沿 x、y、z 方向的缩放比例都相同
	【分解】	AutoCAD 在插入块的同时分解块对象

9.2.2　创建及使用块属性

在 AutoCAD 中，可以使块附带属性。属性类似于商品的标签，包含了图块所不能表达的一些文字信息，如材料、型号及制造者等，存储在属性中的信息一般称为属性值。当用 BLOCK 命令创建块时，将已定义的属性与图形一起生成块，这样块中就包含属性了。当然，用户也能只将属性本身创建成一个块。

属性有助于用户快速产生关于设计项目的信息报表，或者作为一些符号块的可变文字对象。其次，属性也常用来预定义文本位置、内容或提供文本默认值等，例如把标题栏中的一些文字项目定制成属性对象，就能方便地填写或修改。

【练习9-8】：　在下面的练习中，将演示定义属性及使用属性的具体过程。

1. 打开附盘文件"dwg\第 9 章\9-8.dwg"。

2. 单击【常用】选项卡【块】面板上的 按钮，或输入 ATTDEF 命令，AutoCAD 打开【属性定义】对话框，如图 9-15 所示。在【属性】分组框中输入下列内容：

> 【标记】：　　　姓名及号码
>
> 【提示】：　　　请输入您的姓名及电话号码
>
> 【默认】：　　　李燕　2660732

3. 在【文字样式】下拉列表中选择"样式-1"，在【高度】文本框中输入数值"3"。单击 **确定** 按钮，AutoCAD 提示"指定起点"，在电话机的下边拾取 *A* 点，结果如图 9-16 所示。

图9-15　【属性定义】对话框

图9-16　定义属性

4. 将属性与图形一起创建成图块。单击 【块】面板上的 按钮，AutoCAD 打开 【块定义】对话框，如图 9-17 所示。

5. 在【名称】文本框中输入新建图块的名 称"电话机"，在【对象】分组框中选择 【保留】单选项，如图 9-17 所示。

6. 单击 按钮（选择对象），AutoCAD 返 回绘图窗口，并提示"选择对象"，选择 电话机及属性，如图 9-16 所示。

图9-17　【块定义】对话框

7. 指定块的插入基点。单击 按钮（拾取 点），AutoCAD 返回绘图窗口，并提示"指定插入基点"，拾取点 *B*，如图 9-16 所示。

8. 单击 **确定** 按钮，AutoCAD 生成图块。

9. 插入带属性的块。单击【块】面板上的 按钮，AutoCAD 打开【插入】对话框，在 【名称】下拉列表中选择【电话机】单选项，如图 9-18 所示。

10. 单击 **确定** 按钮，AutoCAD 提示如下。

> 指定插入点或 [基点(B)/比例(S)/X/Y/Z/旋转(R)]：　　//在屏幕的适当位置指定插入点
>
> 请输入您的姓名及电话号码 <李燕 2660732>：张涛 5895926　　//输入属性值

结果如图 9-19 所示。

图9-18　【插入】对话框

姓名及号码　　　张涛 5895926

图9-19　插入带属性的图块

【属性定义】对话框（参见图 9-15）中的常用选项功能如下。

- **【不可见】**: 控制属性值在图形中的可见性。如果想使图中包含属性信息，但又不想使其在图形中显示出来，就选中此选项。有一些文字信息如零部件的成本、产地、存放仓库等，不必在图样中显示出来，就可设定为不可见属性。
- **【固定】**: 选中该选项，属性值将为常量。
- **【预设】**: 该选项用于设定是否将实际属性值设置成默认值。若选中此选项，则插入块时，AutoCAD 将不再提示用户输入新属性值，实际属性值等于【默认】框中的默认值。
- **【对正】**: 该下拉列表中包含了 10 多种属性文字的对齐方式，如调整、中心、中间、左和右等，这些选项功能与 DTEXT 命令对应选项功能相同。
- **【文字样式】**: 从该下拉列表中选择文字样式。
- **【文字高度】**: 在文本框中输入属性文字高度。
- **【旋转】**: 设定属性文字的旋转角度。

9.2.3 编辑块的属性

若属性已被创建成为块，则用户可用 EATTEDIT 命令来编辑属性值及其他特性。

【练习9-9】: 练习 EATTEDIT 命令。

1. 打开附盘文件 "dwg\第 9 章\9-9.dwg"。
2. 单击【块】面板上的 按钮，启动 EATTEDIT 命令，AutoCAD 提示 "选择块"，选择 "垫圈 12" 块，AutoCAD 打开【增强属性编辑器】对话框，如图 9-20 所示，在【值】文本框中输入垫圈的数量。
3. 单击 应用(A) 按钮完成。

图9-20 【增强属性编辑器】对话框

【增强属性编辑器】对话框中有 3 个选项卡：【属性】、【文字选项】及【特性】，它们有如下功能。

(1) 【属性】选项卡：在该选项卡中，AutoCAD 列出了当前块对象中各个属性的标记、提示及值，参见图 9-20。选中某一属性，用户就可以在【值】文本框中修改属性的值。

(2) 【文字选项】选项卡：该选项卡用于修改属性文字的一些特性，如文字样式、字高等，如图 9-21 所示。选项卡中各选项的含义与【文字样式】对话框中同名选项含义相同，请参见 7.1.1 小节。

(3) 【特性】选项卡：在该选项卡中用户可以修改属性文字的图层、线型及颜色等，如图 9-22 所示。

图9-21 【文字选项】选项卡

图9-22 【特性】选项卡

9.2.4　块及属性综合练习

【练习9-10】：此练习的内容包括创建块、属性及插入带属性的图块。

1. 绘制如图 9-23 所示的表格。
2. 创建属性项 *A*、*B*、*C*、*D*、*E*，各属性项字高为 3.5，字体为 "gbcbig.shx"，如图 9-24 所示，包含的内容如表 9-2 所示。

图9-23　画表格　　　　　　　　　　　　　　　　图9-24　创建属性

表 9-2　　　　　　　　　　　　　　各属性项包含的内容

项目	标记	提示	值
属性 A	序号	请输入序号	1
属性 B	名称	请输入名称	
属性 C	数量	请输入数量	1
属性 D	材料	请输入材料	
属性 E	备注	请输入备注	

3. 用 BLOCK 命令将属性与图形一起定制成图块，块名为 "明细表"，插入点设定在表格的左下角点。
4. 选择菜单命令【修改】/【对象】/【属性】/【块属性管理器】，打开【块属性管理器】对话框，利用 下移(D) 按钮或 上移(U) 按钮调整属性项目的排列顺序，如图 9-25 所示。
5. 用 INSERT 命令插入图块 "明细表"，并输入属性值，结果如图 9-26 所示。

图9-25　调整属性项目的排列顺序

5	垫圈12	12		GB97-86
4	螺栓M10x50	12		GB5786-89
3	皮带轮	2	HT200	
2	蜗杆	1	45	
1	套筒	1	Q235-A	
序号	名称	数量	材料	备注

图9-26　插入图块

9.2.5　参数化的动态块

用 BLOCK 命令创建的图块是静态的，使用时不能改变其形状及大小（只能缩放）。动态块不仅继承了普通图块的所有特性，并且增加了动态性。创建此类图块时，可加入几何及尺寸约束，利用这些约束驱动块的形状及大小发生变化。

【练习9-11】：创建参数化动态块。

1. 单击【常用】选项卡中【块】面板上的 按钮，打开【编辑块定义】对话框，输入块名 "DB-1"。单击 确定 按钮，进入【块】编辑器。绘制平面图形，尺寸任意，如图 9-27 所示。

图9-27　绘制平面图形

2. 单击【管理】面板上的按钮，选择圆的定位线，利用"转换(C)"选项将定位线转化为构造几何对象，如图 9-28 所示。此类对象是虚线，只在块编辑器中显示，不在绘图窗口中显示。

3. 单击【几何】面板上的按钮，选择所有对象，让系统自动添加几何约束，如图 9-29 所示。

图9-28　将定位线转化为构造几何对象

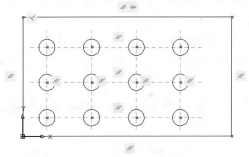

图9-29　自动添加几何约束

4. 给所有圆添加相等约束，然后加入尺寸约束并修改尺寸变量的名称，如图 9-30 所示。

5. 单击【管理】面板上的 fx 按钮，打开【参数管理器】，修改尺寸变量的值（不修改变量 L、W 及 DIA 的值），如图 9-31 所示。

图9-30　加入尺寸约束并修改尺寸变量的名称

名称	表达式	值
□ 约束参数		
DIA	0.4916	0.4916
L	6.4938	6.4938
L1	L/5	1.2988
L2	L/5	1.2988
L3	L/5	1.2988
L4	L/5	1.2988
W	3.5867	3.5867
W1	W/4	0.8967
W2	W/4	0.8967
W3	W/4	0.8967

显示了 10 个参数，共 10 个

图9-31　修改尺寸变量的值

6. 单击 🖫 按钮，测试图块。选中图块，拖动关键点改变块的大小，如图 9-32 所示。

7. 单击鼠标右键，选择【特性】选项，打开【特性】对话框，将尺寸变量 L、W、DIA 的值修改为 18、6 和 1.1，结果如图 9-33 所示。

图9-32　测试图块

图9-33　修改尺寸

8. 单击 ✕ 按钮，关闭测试窗口，返回块编辑器。单击 🖫 按钮，保存图块。

9.2.6　利用表格参数驱动动态块

在动态块中加入几何及尺寸约束后，就可通过修改尺寸值改变动态块的形状及大小。用户可事先将多个尺寸参数创建成表格，利用表格指定块的不同尺寸组。

【练习9-12】：创建参数化动态块。

1. 单击【常用】选项卡中【块】面板上的 🖫 按钮，打开【编辑块定义】对话框，输入块名 "DB-2"。单击 确定 按钮，进入块编辑器。绘制平面图形，尺寸任意，如图 9-34 所示。

图9-34　绘制平面图形

2. 单击【几何】面板上的 🖫 按钮，选择所有对象，让系统自动添加几何约束，如图 9-35 所示。

3. 添加相等约束使两个半圆弧及两个圆的大小相同，添加水平约束使两个圆弧的圆心在同一条水平线上，如图 9-36 所示。

图9-35　自动添加几何约束

图9-36　添加几何约束

4. 添加尺寸约束，修改尺寸变量的名称及相关表达式，如图 9-37 所示。

5. 双击【标注】面板上的 □ 按钮，指定块参数表放置的位置，打开【块特性表】对话框。单击该对话框的 fx 按钮，打开【新参数】对话框，如图 9-38 所示。输入新参数名称 "LxH"，设定新参数类型为 "字符串"。

图9-37　加入尺寸约束

图9-38　【新参数】对话框

6. 返回【块特性表】对话框，单击 fx 按钮，打开【添加参数特性】对话框，如图 9-39 左图所示。选择参数 L 及 H，单击 确定 按钮，所选参数添加到【块特性表】对话框中，如图 9-39 右图所示。

图9-39　将参数添加到【块特性表】对话框中

7. 双击表格单元，输入参数值，如图 9-40 所示。

8. 单击 按钮，测试图块。选中图块，单击参数表的关键点，选择不同的参数，查看块的变化，如图 9-41 所示。

图9-40　输入参数值

图9-41　测试图块

9. 关闭测试窗口，单击【标注】面板上的 按钮，打开【块特性表】对话框，按住列标题名称 "L"，将其拖到第一列，如图 9-42 所示。

10. 单击 按钮，测试图块。选中图块，单击参数表的关键点，打开参数列表，目前的列表样式已发生变化，如图 9-43 所示。

图9-42　【块特性表】对话框

图9-43　测试图块

11. 单击 按钮，关闭测试窗口，返回【块】编辑器。单击 按钮，保存图块。

9.3　使用外部参照

当用户将其他图形以块的形式插入当前图样中时，被插入的图形就成为当前图样的一部分。用户可能并不想如此，而仅仅是要把另一个图形作为当前图形的一个样例，或者想观察正在绘制的图形与其他图形是否匹配，此时就可通过外部引用（也称 Xref）将其他图形文件放置到当前图形中。

Xref 能使用户方便地在自己的图形中以引用的方式看到其他图样，被引用的图并不成为当前图样的一部分，当前图形中仅记录了外部引用文件的位置和名称。

9.3.1　引用外部图形

引用外部 ".dwg" 图形文件的命令是 XATTACH，该命令可以加载 1 个或同时加载多个文件。

【练习9-13】：　练习 XATTACH 命令。

1. 创建 1 个新的图形文件。

2. 单击【插入】选项卡中【参照】面板上的 按钮，启动 XATTACH 命令，打开【选择参照文件】对话框。通过此对话框选择文件"9-13-A.dwg"，再单击 打开⑩ 按钮，弹出【外部参照】对话框，如图 9-44 所示。

图9-44 【外部参照】对话框

3. 单击 确定 按钮，按 AutoCAD 的提示指定文件的插入点，移动及缩放图形，结果如图 9-45 所示。

图9-45 插入图形

4. 用上述相同的方法引用图形文件"9-13-B.dwg"，用 MOVE 命令把两个图形组合在一起，结果如图 9-46 所示。

图9-46 插入并组合图形

【外部参照】对话框中各选项功能如下。

- 【名称】：该列表显示了当前图形中包含的外部参照文件名称。用户可在下拉列表中直接选取文件，也可单击 浏览(B)... 按钮查找其他参照文件。

- 【附着型】：图形文件 A 嵌套了其他的 Xref，而这些文件是以"附加型"方式被引用的。当新文件引用图形 A 时，用户不仅可以看到图形 A 本身，还能看到 A 图中嵌套的 Xref。附加方式的 Xref 不能循环嵌套，即如果图形 A 引用了图形 B，而 B 又引用了图形 C，则图形 C 不能再引用图形 A。

- 【覆盖型】：图形 A 中有多层嵌套的 Xref，但它们均以"覆盖型"方式被引用。当其他图形引用 A 图时，就只能看到图形 A 本身，而其包含的任何 Xref 都不会显示出来。覆盖方式的 Xref 可以循环引用，这使设计人员可以灵活地察看其他任何图形文件，而无需为图形之间的嵌套关系而担忧。

- 【插入点】：在此区域中指定外部参照文件的插入基点，可直接在【X】、【Y】、【Z】文本框中输入插入点坐标，也可选择【在屏幕上指定】复选项，然后在屏幕上指定。

- 【比例】：在此区域中指定外部参照文件的缩放比例，可直接在【X】、【Y】、【Z】文本框中输入这 3 个方向的比例因子，也可选中【在屏幕上指定】复选项，然后在屏幕上指定。

- 【旋转】：确定外部参照文件的旋转角度，可直接在【角度】文本框中输入角度值，也可选择【在屏幕上指定】复选项，然后在屏幕上指定。

9.3.2 更新外部引用

当被引用的图形作了修改后，AutoCAD 并不自动更新当前图样中的 Xref 图形，用户必须重新加载以更新它。

继续前面的练习，下面修改引用图形，然后在当前图形中更新它。

1. 打开附盘文件"dwg\第 9 章\ 9-13-A.dwg"，用 STRETCH 命令将零件下部配合孔的直径尺寸增加 4，保存图形。

2. 切换到新图形文件。单击【插入】选项卡中【参照】面板右下角的 按钮，打开【外部参照】对话框，如图 9-47 所示。在该对话框的文件列表框中选中"9-11-A.dwg"文件，单击鼠标右键，选取【重载】选项以加载外部图形。

3. 重新加载外部图形后，结果如图 9-48 所示。

图9-47 【外部参照】对话框

图9-48 重新加载图形

【外部参照】对话框中常用选项的功能如下。

- : 单击此按钮，AutoCAD 弹出【选择参照文件】对话框，用户通过该对话框选择要插入的图形文件。
- 【附着】（快捷菜单选项）：选择此选项，AutoCAD 弹出【外部参照】对话框，用户通过此对话框选择要插入的图形文件。
- 【卸载】：暂时移走当前图形中的某个外部参照文件，但在列表框中仍保留该文件的路径。
- 【重载】：在不退出当前图形文件的情况下更新外部引用文件。
- 【拆离】：将某个外部参照文件去除。
- 【绑定】：将外部参照文件永久地插入当前图形中，使之成为当前文件的一部分，详细内容见 9.3.3 小节。

9.3.3 转化外部引用文件的内容为当前图样的一部分

由于被引用的图形本身并不是当前图形的内容，因此引用图形的命名项目，如图层、文本样式和尺寸标注样式等都以特有的格式表示出来。Xref 的命名项目表示形式为"Xref 名称|命名项目"，通过这种方式，AutoCAD 将引用文件的命名项目与当前图形的命名项目区别开来。

用户可以把外部引用文件转化为当前图形的内容，转化后 Xref 就变为图样中的一个图块。另外，也能把引用图形的命名项目，如图层、文字样式等转变为当前图形的一部分。通过这种方法，用户可以轻易地使所有图纸的图层、文字样式等命名项目保持一致。

在【外部参照】对话框（参见图 9-47）中，选择要转化的图形文件，然后单击鼠标右键，弹出快捷菜单，选取【绑定】选项，打开【绑定外部参照】对话框，如图 9-49 所示。对话框中有两个选项，其功能如下。

- 【绑定】：选取该单选项时，引用图形的所有命名项目的名称由"Xref 名称|命名项目"变为"Xref 名称\$N\$命名项目"。其中，字母 N 是可自动增加的整数，以避免与当前图样中的项目名称重复。
- 【插入】：使用该选项类似于先拆离引用文件，然后再以块的形式插入外部文件。当合并外部图形后，命名项目的名称前不加任何前缀。例如，外部引用文件中有图层 WALL，当利用【插入】选项转化外部图形时，若当前图形中无 WALL 层，那么 AutoCAD 就创建 WALL 层，否则继续使用原来的 WALL 层。

在命令行上输入 XBIND 命令，AutoCAD 打开【外部参照绑定】对话框，如图 9-50 所示。在对话框左边的列表框中选择要添加到当前图形中的项目，然后单击 添加(A) -> 按钮，把命名项加入【绑定定义】列表框中，再单击 确定 按钮完成。

图9-49 【绑定外部参照】对话框

图9-50 【外部参照绑定】对话框

要点提示　用户可以通过 Xref 连接一系列的库文件，如果想要使用库文件中的内容，就用 XBIND 命令将库文件中的有关项目（如尺寸样式、图块等）转化成当前图样的一部分。

9.4　AutoCAD 设计中心

设计中心为用户提供了一种直观的、高效的且与 Windows 资源管理器相似的操作界面，通过它用户可以很容易地查找和组织本地、局域网或 Internet 上存储的图形文件，同时还能方便地利用其他图形资源及图形文件中的块、文本样式及尺寸样式等内容。如果用户同时打开多个文件，还能通过设计中心对其进行有效的管理。

AutoCAD 设计中心的主要功能可以概括成以下几点。

(1)　从本地磁盘、网络甚至 Internet 上浏览图形文件内容，并可通过设计中心打开文件。

(2)　设计中心可以将某一图形文件中包含的块、图层、文本样式及尺寸样式等信息展示出来，并提供预览的功能。

(3)　利用拖放操作就可以将一个图形文件或块、图层及文字样式等插入到另一图形中使用。

(4)　可以快速查找存储在其他位置的图样、图块、文字样式、标注样式及图层等信息。搜索完成后，可将结果加载到设计中心或直接拖入到当前图形中使用。

下面几个练习的目的是让读者了解设计中心的使用方法。

9.4.1　通过设计中心浏览文件内容

设计中心窗口分为两部分，左边为树状图，右边为内容区。在树状图中选中项目，则内容区显示项目内容，如预览图片、图块及标注样式等。双击内容，则展开它或将其插入当前图形中。也可通过右键快捷菜单实现同样任务。

【练习9-14】：利用设计中心查看及打开图形。

1.　单击【视图】选项卡中【选项板】面板上的▦按钮，打开【设计中心】对话框，如图 9-51 所示，该对话框包含以下 3 个选项卡。

- 【文件夹】：显示本地计算机及网上邻居的信息资源，与 Windows 资源管理器类似。
- 【打开的图形】：列出当前 AutoCAD 中所有打开的图形文件。单击文件名前的图标"⊞"，设计中心将会列出该图形所包含的命名项目，如图层、文字样式及图块等。
- 【历史记录】：显示最近访问过的图形文件，包括文件的完整路径。

2.　查找"AutoCAD 2010/Sample"子目录，选中子目录中的"DesignCenter"文件夹并将其展开。单击对话框顶部的▦▾按钮，选择【大图标】，结果设计中心将在右边的窗口中显示出文件夹内图形文件的小型图片，如图 9-51 所示。

3.　选中"Kitchens.dwg"图形文件的小型图标，【文件夹】选项卡下部将显示出相应预览图片及相关说明文字。

4.　单击鼠标右键，弹出快捷菜单，如图 9-52 所示，选择【在应用程序窗口中打开】选项，打开此文件。

5. 双击预览图片，显示图块、图层及尺寸样式等项目，双击项目之一，则显示具体内容。
菜单中常用选项的功能如下。

- 【浏览】：列出文件中块、图层及文本样式等命名项目。
- 【添加到收藏夹】：在收藏夹中创建图形文件的快捷方式，当用户单击设计中心的 🖾 按钮时，能快速找到该文件的快捷图标。

图9-51 【设计中心】对话框

图9-52 快捷菜单

- 【附着为外部参照】：以附着或覆盖的方式引用外部图形。
- 【块编辑器】：打开【块编辑器】对话框，该对话框的绘图区域内将显示图形文件。
- 【插入为块】：将图形文件以块的形式插入到当前图样中。
- 【创建工具选项板】：创建以文件名命名的工具选项板，该选项板包含图形文件中的所有图块。

9.4.2 将图形文件的块、图层等对象插入到当前图形中

在设计中心的内容区显示图块、图层等，双击它或通过右键快捷菜单选项插入选定内容。

【练习9-15】：利用设计中心插入图块、图层等对象。

1. 打开设计中心，查找"AutoCAD 2010\Sample\Database Connectivity"子目录，选中子目录中的"Database Connectivity"文件夹并展开。
2. 选中"db_samp.dwg"文件，则在设计中心右边的窗口中列出图层、图块及文字样式等项目，如图 9-53 所示。

图9-53 显示图层、图块等项目

3. 若要显示图形中块的详细信息，就选中【块】，然后单击鼠标右键，选择【浏览】选项，则设计中心列出图形中的所有图块，如图 9-54 所示。

4. 选中某一图块，单击鼠标右键，弹出快捷菜单，选择【插入块】选项，就可将此图块插入到当前图形中。

5. 用上述类似的方法可将图层、标注样式及文字样式等项目插入到当前图形中。

图9-54 列出图块信息

9.5 【工具选项板】窗口

【工具选项板】窗口包含一系列工具选项板，这些选项板以选项卡的形式布置在选项板窗口中，如图 9-55 所示。选项板中包含图块、填充图案等对象，这些对象常被称为工具。用户可以从工具板中直接将某个工具拖入到当前图形中（或单击工具以启动它），也可以将新建图块、填充图案等放入工具选项板中，还能把整个工具选项板输出，或创建新的工具选项板。总之，工具选项板提供了组织、共享图块及填充图案的有效途径。

图9-55 【工具选项板】窗口

9.5.1 利用工具选项板插入图块及图案

命令启动方法

- 菜单命令:【工具】/【选项板】/【工具选项板】。
- 面板:【视图】选项卡中【选项板】面板上的 按钮。
- 命令: TOOLPALETTES 或简写 TP。

启动 TOOLPALETTES 命令，打开【工具选项板】窗口，该窗口中包含【注释】、【建筑】、【机械】、【土木工程】、【电力】及【图案填充】等选项板。当需要向图形中添加块或填充图案时，可单击工具以启动它或是将其从工具选项板中直接拖入到当前图形中。

【练习9-16】：从工具选项板中插入块。

1. 打开附盘文件 "dwg\第 9 章\9-16.dwg"。

2. 单击【视图】选项卡中【选项板】面板上的 按钮，打开【工具选项板】窗口，再单击【建筑】选项卡，显示【建筑】工具板，如图 9-56 右图所示。

3. 单击工具板中的【门-公制】工具，再指定插入点将"门"插入到图形中，结果如图 9-56 左图所示。

4. 用 ROTATE 命令调整门的方向，再用关键点编辑方式改变门的大小及开启角度，结果如图 9-57 所示。

图9-56　插入"门"　　　　　　　　　　　　图9-57　调整门的方向、大小及开启角度

 对于工具选项板上的块工具，源图形文件必须始终可用。如果源图形文件被移动到其他文件夹中，则必须对块工具的源文件特性进行修改，方法是用鼠标右键单击块工具，然后在【工具特性】对话框中指定新的源文件位置。

9.5.2　修改及创建工具选项板

修改工具选项板一般包含以下几方面内容。

(1) 向工具选项板上添加新工具。从绘图窗口将直线、圆、尺寸标注、文字及填充图案等对象拖入工具选项板上，创建相应的新工具，用户可使用该工具快速生成与原始对象特性相同的新对象。生成新工具的另一种方法是，先利用设计中心显示某一图形中的块及填充图案，然后将其从设计中心拖入到工具选项板上。

(2) 将常用命令添加到工具选项板上。在工具选项板的空白处单击鼠标右键，弹出快捷菜单，选择【自定义选项板】选项，打开【自定义】对话框，按住鼠标左键将工具栏上的命令按钮拖至工具选项板上，创建相应的命令工具。

(3) 将一选项板中的工具移动或复制到另一选项板中。在工具选项板上选中一个工具，然后单击鼠标右键，弹出快捷菜单，利用【复制】或【剪切】选项拷贝该工具，再切换到另一工具选项板，单击鼠标右键，弹出快捷菜单，选择【粘帖】选项，添加该工具。

(4) 修改工具选项板某一工具的插入特性及图案特性。例如，用户可以事先设定块插入时的缩放比例或填充图案的角度和比例。在要修改的工具上单击鼠标右键，弹出快捷菜单，选择【特性】选项，打开【工具特性】对话框。该对话框中列出了工具的插入特性及基本特性，用户可选择某一特性进行修改。

(5) 从工具选项板上删除工具。用鼠标右键单击工具选项板上的某个工具，弹出快捷菜单，选择【删除】选项即删除此工具。

创建新工具选项板的方法如下。

(1) 使光标位于工具选项板窗口，单击鼠标右键，弹出快捷菜单，选择【新建选项板】选项。

(2) 从绘图窗口将直线、圆、尺寸标注、文字及填充图案等对象拖入工具选项板上以创建新工具。

(3) 在工具选项板的空白处单击鼠标右键，弹出快捷菜单，选择【自定义选项板】选项，打开【自定义】对话框，按住鼠标左键将工具栏上的命令按钮拖至工具选项板上，创建相应的命令工具。

(4) 单击【视图】选项卡中【选项板】面板上的 按钮，打开【设计中心】，找到所需的图块，将其拖入到新工具板上。

【练习9-17】：创建工具选项板。

1. 打开附盘文件 "dwg\第 9 章\9-17.dwg"。

2. 单击【视图】选项卡中【选项板】面板上的 按钮，打开【工具选项板】窗口，在该窗口的空白区域单击鼠标右键，选择快捷菜单上的【新建选项板】选项，然后在加亮显示的文本框中输入新工具选项板的名称"新工具"。

3. 在绘图区域中选中填充图案，按住鼠标左键，把该图案拖放到【新工具】选项板上，用同样的方法将绘图区域中的圆也拖到【新工具】选项板上。此时，选项板上出现了两个新工具，其中的【圆】工具是一个嵌套的工具集，如图 9-58 所示。

4. 在新工具选项板的【ANSI31】工具上单击鼠标右键，然后在弹出的快捷菜单上选择【特性】选项，打开【工具特性】对话框，在该对话框的【图层】下拉列表中选择【剖面层】选项，如图 9-59 所示。之后，当用【ANSI31】工具创建填充图案时，图案将位于剖面层上。

5. 在新工具选项板的空白区域单击鼠标右键，弹出快捷菜单，选择【自定义命令】选项，打开【自定义用户界面】对话框，在该对话框的命令列表中找到 按钮，然后将其拖到【新工具】选项板上，则工具选项板上就出现阵列工具，如图 9-60 所示。

图9-58 创建新工具

图9-59 【工具特性】对话框

图9-60 创建阵列工具

9.6 习题

1. 打开附盘文件 "dwg\第 9 章\9-18.dwg"，如图 9-61 所示，试计算图形面积及外轮廓线周长。

图9-61 计算图形面积及周长

196

2. 打开附盘文件 "dwg\第 9 章\9-19.dwg"，如图 9-62 所示，试计算图形面积及外轮廓线周长。

图9-62 计算图形面积及周长

3. 下面这个练习的内容包括创建块、插入块及外部引用。

(1) 打开附盘文件 "dwg\第 9 章\9-20.dwg"，如图 9-63 所示。将图形定义为图块，块名为 "Block"，插入点在 A 点。

(2) 在当前文件中引用外部文件 "dwg\第 9 章\9-21.dwg"，然后插入 "Block" 块，结果如图 9-64 所示。

图9-63 定义图块

图9-64 插入图块

4. 下面这个练习的内容包括引用外部图形、修改及保存图形、重新加载图形。

(1) 打开附盘文件 "dwg\第 9 章\9-22-1.dwg" 和 "dwg\第 9 章\9-22-2.dwg"。

(2) 激活文件 "9-22-1.dwg"，用 XATTACH 命令插入文件 "9-22-2.dwg"，再用 MOVE 命令移动图形，使两个图形 "装配" 在一起，如图 9-65 所示。

(3) 激活文件 "9-22-2.dwg"，如图 9-66 左图所示。用 STRETCH 命令调整上、下两孔的位置，使两孔间的距离增加 40，如图 9-66 右图所示。

(4) 保存文件 "9-22-2.dwg"。

(5) 激活文件 "9-22-1.dwg"，用 XREF 命令重新加载文件 "9-22-2.dwg"，结果如图 9-67 所示。

图9-65 引用外部图形　　　　　图9-66 调整孔的位置　　　　　图9-67 重新加载外部文件

第10章　零件图

【学习目标】

- 用 AutoCAD 绘制机械图的一般步骤。
- 在零件图中插入图框及布图。
- 标注零件图尺寸及表面粗糙度代号。
- 绘制轴类、盘盖类、叉架类及箱体类零件。
- 查询零件图面积。
- 计算皮带传动的带长。
- 创建及使用样板图。

10.1　用 AutoCAD 绘制机械图的过程

手工绘图时，绘制过程可总结如下。

(1)　绘制出各视图主要中心线及定位线。

(2)　按形体分析法逐个绘制出各基本形体的视图。作图时，应注意各视图间的投影关系要满足投影规律。

(3)　检查并修饰图形。

用 AutoCAD 绘制机械图的过程与手工作图类似，但具有一些新特点，下面以图 10-1 所示的零件图为例说明此过程。

【练习10-1】：绘制零件图，如图 10-1 所示。

图10-1　零件图

10.1.1 建立绘图环境

建立绘图环境主要包括以下 3 个方面内容。

(1) 设定工作区域大小。

在开始绘图前，首先应建立工作区域，即设定当前屏幕的大小，因为电子屏幕是无限大的，你所面对的绘图窗口究竟有多大（长、高各是多少数量单位），用户应对此进行设置，这样就能估计出所绘图样在屏幕上的大致范围。

作图区域的大小应根据视图的尺寸进行设定，例如，在绘制图 10-1 所示的零件图时，由于先画主视图，所以根据主视图的尺寸，设置当前屏幕大小为 160×160。

设置绘图区域大小的方法一般有两种，请参见 1.1.10 小节。

 当作图区域太大或太小时，所绘对象就可能很小或很大，以至于观察不到（如极大或极小的圆），此时可单击【视图】选项卡中【导航】面板上的 范围 按钮使图形对象充满整个绘图窗口显示出来。

(2) 创建必要的图层。

图层是管理及显示图形的强有力工具，绘制机械图时，不应将所有图形元素都放在同一图层上，而应根据图形元素性质创建图层，并设定图层上图元的属性，如线型、线宽和颜色等。

在机械图中，一般创建以下图层。

- 轮廓线层：颜色为白色，线宽为 0.5，线型为 Continuous。
- 中心线层：颜色为红色，线宽默认，线型为 Center。
- 虚线层：颜色为黄色，线宽默认，线型为 Dashed。
- 剖面线层：颜色为绿色，线宽默认，线型为 Continuous。
- 标注层：颜色为绿色，线宽默认，线型为 Continuous。
- 文本层：颜色为绿色，线宽默认，线型为 Continuous。

(3) 使用绘图辅助工具。

打开极轴追踪、对象捕捉及自动追踪功能，再设定捕捉类型为"端点"、"圆心"及"交点"。

10.1.2 布局主视图

我们首先绘制零件的主视图，绘制时，应从主视图的哪一部分开始入手呢？如果直接从某一局部细节开始绘制，常常会浪费很多时间。正确的方法是先绘制出主视图的布局线，形成图样的大致轮廓，然后再以布局线为基准图元绘制图样的细节。

布局轮廓时，一般要绘制出以下一些线条。

- 图形元素的定位线，如重要孔的轴线、图形对称线和一些端面线等。
- 零件的上、下轮廓线及左、右轮廓线。

下面绘制主视图的布局线。

1. 切换到轮廓线层。用 LINE 命令绘制出两条适当长度的线段 *A* 和 *B*，它们分别是主视图的底端线及左端面线，如图 10-2 左图所示。

2. 以 A、B 线为基准线用 OFFSET 及 TRIM 命令形成主视图的大致轮廓，如图 10-2 右图所示。

图10-2　形成主视图的大致轮廓

现在已经绘制出了视图的主要轮廓线，这些线条形成了主视图的布局线，这样用户就可以清楚地看到主视图所在的范围，并能利用这些线条快速形成图形细节。

10.1.3　生成主视图局部细节

在建立了粗略的几何轮廓后，就可考虑利用已有的线条来绘制图样的细节。作图时，先把整个图形划分为几个部分，然后逐一绘制完成。

1. 绘制作图基准线 C 和 D，如图 10-3 左图所示。用 OFFSET 及 TRIM 命令形成主视图细节 E，如图 10-3 右图所示。

图10-3　绘制主视图细节（1）

2. 用同样的方法绘制主视图其余细节，如图 10-4 所示。

图10-4　绘制主视图细节（2）

 当绘制局部区域的细节结构时，常用 ZOOM 命令的"窗口(W)"选项（🔍按钮）把局部图形区域放大，以方便作图。绘制完成后，再利用 ZOOM 命令的"上一个(P)"选项（🔍按钮）返回上一次的显示范围。

10.1.4　布局其他视图

主视图绘制完成后，接下来要绘制左视图及俯视图，绘制过程与主视图类似，首先形成这两个视图的主要布局线，然后绘制出图形细节。

对于工程图，视图间的投影关系要满足"长对正"、"高平齐"和"宽相等"的原则。利用 AutoCAD 绘图时，可绘制一系列辅助投影线来保证视图间符合这个关系。

可用下面的方法绘制投影线。

- 利用 XLINE 命令过某一点绘制水平或竖直方向无限长的直线。
- 用 LINE 命令并结合极轴追踪、自动追踪功能绘制适当长度的水平或竖直方向的线段。

1. 布局左视图。用 XLINE 命令绘制水平投影线，再用 LINE 命令绘制左视图竖直定位线 F，然后绘制平行线 G 和 H，如图 10-5 左图所示，修剪及打断多余线条，结果如图 10-5 右图所示。

图10-5　绘制左视图定位线及轮廓线

2. 布局俯视图。用 XLINE 命令绘制出竖直投影线，用 LINE 命令绘制俯视图水平定位线 I，然后绘制平行线 J 和 K，如图 10-6 左图所示，修剪多余线条，结果如图 10-6 右图所示。

图10-6　绘制俯视图定位线及轮廓线

10.1.5　向左视图投影几何特征并绘制细节

布局完左视图及俯视图后，就可以绘制视图的细节特征了，我们首先绘制左视图的细节。由于主视图里包含了左视图的许多几何信息，因而从主视图绘制一些投影线将几何特征投影到左视图中。

1. 继续前面的练习。用 XLINE 命令从主视图向左视图绘制水平投影线，再绘制作图基准线 L，如图 10-7 左图所示。用 OFFSET 及 TRIM 命令形成左视图细节 M，如图 10-7 右图所示。

图10-7　绘制左视图细节（1）

要点提示	除了利用辅助线进行投影外，用户也可使用 COPY 命令把一个视图的几何特征复制到另一视图，如将视图中槽的大小、孔的中心线等沿水平或竖直方向拷贝到其他视图。

2. 用同样的方法绘制左视图其余细节，如图 10-8 所示。

图10-8　绘制左视图细节（2）

10.1.6　向俯视图投影几何特征并绘制细节

　　绘制完成主视图及左视图后，俯视图沿长度及宽度方向的尺寸就可通过主视图及左视图投影得到，为方便从左视图向俯视图投影，用户可将左视图复制到新位置并旋转 90°，这样就可以很方便地画出投影线了。

1. 继续前面的练习，将左视图复制到屏幕的适当位置并旋转 90°，再使左视图中心线与俯视图的中心线对齐，如图 10-9 左图所示。
2. 从主视图、左视图向俯视图投影几何特征，如图 10-9 左图所示。
3. 修剪多余线条，结果如图 10-9 右图所示。

图10-9　向俯视图投影几何特征

4. 使用 OFFSET、TRIM 及 CIRCLE 等命令绘制出俯视图的其他细节，结果如图 10-10 所示。

图10-10　绘制俯视图细节

10.1.7 修饰图样

图形绘制完成后，常常要对一些图元的外观及属性进行调整，这方面工作主要包括以下内容。

(1) 修改线条长度，一般采取以下 3 种方法。

- 用 LENGTHEN 命令修改线条长度，发出命令后，用户可连续修改要编辑的对象。
- 激活直线关键点并打开正交，然后通过拉伸编辑模式改变线段长度。
- 用 BREAK 命令打断过长的线条。

(2) 修改对象所在图层。

选择要改变图层的所有对象，然后在【图层】面板上的"图层控制"下拉列表中选择新图层，则所有选中的对象被转移到新层上。

(3) 修改线型，常用以下方法。

- 使用 MATCHPROP（特性匹配）命令改变不正确线型。
- 通过【特性】工具栏的"线型控制"下拉列表改变线型。

10.1.8 插入标准图框

将图样修饰完成后，就要考虑选择标准图纸幅面和作图比例。用户要注意，应使图样在标注尺寸后，各视图间还要保持适当距离，不应过密或过稀。插入标准图框及布图方法如下。

1. 使用 AutoCAD 的剪贴板插入选定的标准图框。
2. 用 SCALE 命令缩放图框，缩放比例等于作图比例的倒数。注意不要缩放视图，视图的尺寸应与实际零件大小一致。
3. 用 MOVE 命令调整各视图间的位置，然后将所有视图放入图框内。

继续前面的练习，下面插入图框并布图。

4. 对于以上绘制的零件图，考虑采用 A3 幅面图纸，作图比例为 1:2。
5. 打开包含标准图框及常用标注符号的图形文件 "A3.dwg"。在图形窗口中单击鼠标右键，弹出快捷菜单，如图 10-11 所示。选择"带基点复制"选项，然后指定 A3 图框的右下角为基点，并选择该图框和符号。

图10-11 复制标准图框

6. 切换到当前零件图，在图形窗口中单击鼠标右键，弹出快捷菜单，选择"粘贴"选项，把 A3 图框复制到当前图形中，如图 10-12 所示。

图10-12 把 A3 图框粘贴到当前图形中

7. 用 SCALE 命令把 A3 图框及标注符号放大 2 倍，然后用 MOVE 命令将所有视图放入图框内，并调整各视图间的位置，结果如图 10-13 所示。

图10-13 放大图框并布置视图

10.1.9 标注零件尺寸及表面粗糙度代号

将零件图布置在图框内后，接下来开始标注图样。

1. 创建新文字样式，样式名为 "标注文字"，与该样式相连的字体文件是 "gbeitc.shx" 和 "gbcbig.shx"。

2. 创建一个尺寸样式，名称为 "国标标注"，对该样式作以下设置。
   - 标注文本连接 "标注文字"，文字高度等于 2.5，精度为 0.0，小数点格式为 "句点"。
   - 标注文本与尺寸线间的距离为 0.8。
   - 箭头大小为 2。
   - 尺寸界线超出尺寸线长度等于 2。
   - 尺寸线起始点与标注对象端点间的距离为 0。
   - 标注基线尺寸时，平行尺寸线间的距离为 7。
   - 标注总体比例因子为 2.0（绘图比例的倒数）。
   - 使 "国标标注" 成为当前样式。

3. 切换到标注层，创建尺寸标注，然后用 COPY 和 ROTATE 命令标注表面粗糙度。标注时，应注意以下事项。
   - 在标注样式中设置尺寸标注所有组成元素的大小（如字高、尺寸界限长短和箭头外观等）与打印在图纸上的大小一致。
   - 打开【修改标注样式】对话框，进入 "调整" 选项卡，在此选项卡的 "使用全局比例"栏中设定标注总体比例因子等于作图比例的倒数，如图 10-14 所示。AutoCAD 将用此比例因子缩放尺寸标注的所有构成元素，这样当打印时尺寸标注的实际外观就与尺寸样式设定的大小完全一致。

> **要点提示**　标注尺寸时，建议创建两种尺寸样式，一种用于控制一般长度尺寸标注，另一种在标注数字前添加直径代号，用于轴、孔等结构特征的标注。

图10-14　【修改标注样式】对话框

10.1.10　书写技术要求

用户可以使用多行文字编辑器（MTEXT）书写技术要求，但要注意设定正确的文字高度，在 AutoCAD 中设置的文字高度应等于打印文字高度与作图比例倒数的乘积。

对于以上绘制的零件图，若打印在图纸上的文字高度为 3.5，则书写时的文字高度为 3.5×2。

10.2　绘制典型零件图

以下介绍典型零件图的绘制方法及技巧。

10.2.1　轴套类零件

齿轮减速器传动轴零件图如图 10-15 所示，图例的相关说明如下。

图10-15　绘制传动轴零件图

一、 材料

45 号钢。

二、 技术要求

(1) 调质处理 190-230HB。

(2) 未注圆角半径 R1.5。

(3) 未注倒角 $2 \times 45°$。

(4) 线性尺寸未注公差按 GB1804-m。

三、 形位公差

图中径向跳动、端面跳动及对称度的说明如表 10-1 所示。

表 10-1　　　　　　　　　　　　　　　形位公差

形位公差	说明
⬈ 0.015 A-B	圆柱面对公共基准轴线的径向跳动公差为 0.015
⬈ 0.017 A-B	轴肩对公共基准轴线的端面跳动公差为 0.017
═ 0.02 D	键槽对称面对基准轴线的对称度公差为 0.02

四、 表面粗糙度

重要部位表面粗糙度的选用如表 10-2 所示。

表 10-2　　　　　　　　　　　　　表面粗糙度

位置	表面粗糙度 Ra	说明
安装滚动轴承处	0.8	要求保证定心及配合特性的表面
安装齿轮处	1.6	有配合要求的表面
安装带轮处	1.6	中等转速的轴颈
键槽侧面	3.2	与键配合的表面

【练习10-2】：绘制传动轴零件图，参见图 10-15。这个练习的目的是使读者掌握用 AutoCAD 绘制轴类零件的方法和一些作图技巧，主要作图步骤如下。

1. 创建以下图层。

名称	颜色	线型	线宽
轮廓线层	白色	Continuous	0.50
中心线层	红色	CENTER	默认
剖面线层	绿色	Continuous	默认
文字层	绿色	Continuous	默认
尺寸标注层	绿色	Continuous	默认

2. 设定绘图区域大小为 200×200，单击【视图】选项卡中【导航】面板上的🔍按钮使绘图区域充满整个图形窗口。

3. 通过【线型控制】下拉列表打开【线型管理器】对话框，在此对话框中设定线型总体比例因子为 0.3。

4. 打开极轴追踪、对象捕捉及捕捉追踪功能，设置极轴追踪角度增量为 90°，设置对象捕捉方式为 "端点"、"圆心" 及 "交点"。

5. 切换到轮廓线层。绘制零件的轴线 A 及左端面线 B，如图 10-16 左图所示。直线 A 的长度约为 350，直线 B 的长度约为 100。

6. 以 A、B 线为作图基准线，使用 OFFSET 和 TRIM 命令形成轴左边的第 1 段、第 2 段和第 3 段，如图 10-16 右图所示。

图10-16 绘制轴左边的第一段、第二段等

7. 用同样方法绘制轴的其余 3 段，如图 10-17 左图所示。

8. 使用 CIRCLE、LINE、TRIM 命令绘制键槽及剖面图，如图 10-17 右图所示。

图10-17 绘制轴的其余各段

9. 倒斜角，然后填充剖面图案，如图 10-18 所示。

10. 将轴线和定位线等放置到中心线层上，将剖面图案放置到剖面线层上。

11. 打开附盘文件 "dwg\第 10 章\A3.dwg"，该文件包含 A3 幅面的图框、表面粗糙度符号及基准代号，利用 Windows 的复制和粘贴功能将图框及标注符号拷贝到零件图中。用 SCALE 命令缩放它们，缩放比例为 1.5，然后把零件图布置在图框中，如图 10-19 所示。

图10-18 倒角及填充剖面图案

图10-19 插入图框

12. 切换到尺寸标注层，标注尺寸及表面粗糙度，如图 10-20 所示（本图仅为了示意工程图标注后的真实结果）。尺寸文字字高为 3.5，标注总体比例因子为 1.5。

13. 切换到文字层，书写技术要求。"技术要求" 字高为 5 × 1.5=7.5，其余文字字高为 3.5 × 1.5=5.25，中文字体采用 "gbcbig.shx"，西文字体采用 "gbeitc.shx"。

此零件图的绘图比例为 1:1.5，打印时将按此比例值出图。打印的真实效果为图纸幅面 A3，图纸上线条的长度与零件真实长度的比值为 1:1.5，标注文本高度 3.5，技术要求中文字字高为 5 和 3.5。

图10-20　标注尺寸及书写技术要求

10.2.2　盘盖类零件

联接盘零件图如图 10-21 所示，图例的相关说明如下。

图10-21　绘制联接盘零件图

一、材料

T10。

二、 技术要求

(1) 高频淬火 59-64HRC。

(2) 未注倒角 2×45°。

(3) 线性尺寸未注公差按 GB1804-f。

(4) 未注形位公差按 GB1184-80，查表按 B 级。

三、 形位公差

形位公差的说明如表 10-3 所示。

表 10-3   形位公差

形位公差	说明
⊕ 0.05(M) A B	孔的轴线对基准 A、B 和理想尺寸∅96 确定的理想位置公差为 0.05，该公差是在孔处于最大实体状态时给定的。当孔的尺寸偏离最大实体尺寸时，可将偏离值补偿给孔的位置度公差
◎ ∅0.02 A	被测轴线对基准轴线的同轴度公差为 0.02

四、 表面粗糙度

重要部位表面粗糙度的选用如表 10-4 所示。

表 10-4   表面粗糙度

位置	表面粗糙度 Ra	说明
圆柱面∅78js6	3.2	与轴有配合关系且用于定位
圆柱面∅31h7		
孔表面∅30H8	1.6	有相对转动的表面，转速较低
孔表面∅18H8		
基准面 B	6.3	该端面用于定位

【练习10-3】： 绘制联接盘零件图，参见图 10-21。这个练习的目的是使读者掌握用 AutoCAD 绘制盘盖类零件的方法和一些作图技巧，主要作图步骤如下。

1. 创建以下图层。

名称	颜色	线型	线宽
轮廓线层	白色	Continuous	0.50
中心线层	红色	CENTER	默认
剖面线层	绿色	Continuous	默认
文字层	绿色	Continuous	默认
尺寸标注层	绿色	Continuous	默认

2. 设定绘图区域大小为 200×200，单击【视图】选项卡中【导航】面板上的 按钮使绘图区域充满整个图形窗口。

3. 通过【线型控制】下拉列表打开【线型管理器】对话框，在此对话框中设定线型总体比例因子为 0.3。

4. 打开极轴追踪、对象捕捉及捕捉追踪功能，设置极轴追踪角度增量为 90°，设置对象捕捉方式为 "端点"、"圆心" 及 "交点"。

5. 切换到轮廓线层。绘制水平及竖直的定位线，线的长度为 150 左右，如图 10-22 左图所示。使用 CIRCLE、ROTATE 及 ARRAY 命令形成主视图细节，如图 10-22 右图所示。

6. 使用 XLINE 命令绘制水平投影线，再使用 LINE 命令绘制出左视图作图基准线，如图 10-23 所示。

图10-22 绘制定位线及主视图细节

图10-23 绘制水平投影线及左视图作图基准线

7. 用 OFFSET 及 TRIM 命令形成左视图细节，如图 10-24 所示。

8. 创建倒角及填充剖面等，然后将定位线及剖面线分别修改到中心线层及剖面线层上，如图 10-25 所示。

图10-24 绘制左视图细节

图10-25 倒角及填充剖面图案等

9. 打开附盘文件"dwg\第 10 章\A3.dwg"，该文件包含 A3 幅面的图框、表面粗糙度符号及基准代号。利用 Windows 的复制和粘贴功能将图框及标注符号拷贝到零件图中，然后把零件图布置在图框中，如图 10-26 所示。

10. 切换到尺寸标注层，标注尺寸及表面粗糙度。尺寸文字字高为 3.5，标注总体比例因子为 1。

图10-26 插入图框

11. 切换到文字层，书写技术要求。"技术要求"字高为 5，其余文字字高为 3.5，中文字体采用"gbcbig.shx"，西文字体采用"gbeitc.shx"。

10.2.3 叉架类零件

转轴支架零件图如图 10-27 所示，图例的相关说明如下。

图10-27　绘制转轴支架零件图

一、 材料

HT200。

二、 技术要求

(1) 铸件不得有砂眼及气孔等缺陷。

(2) 正火 170-190HB。

(3) 未注圆角 *R*3-*R*5。

(4) 线性尺寸未注公差按 GB1804-m。

三、 形位公差

图中形位公差的说明如表 10-5 所示。

表 10-5　　　　　　　　　　　　　　　　　形位公差

形位公差	说明
// 0.02 A	孔的轴线对基准面的平行度公差为 0.02
═ 0.01 B	孔的轴线对槽的对称面在水平方向的对称度公差为 0.01

四、 表面粗糙度

重要部位表面粗糙度的选用如表 10-6 所示。

表 10-6　　　　　　　　　　　　　　　　　表面粗糙度

位置	表面粗糙度 *Ra*	说明
孔表面∅28H7	0.8	有相对转动的表面
槽表面∅16H7	3.2	起定位作用的表面
基准面 *A*	6.3	起定位作用的表面

【**练习10-4**】：　绘制转轴支架零件图，参见图 10-27。这个练习的目的是使读者掌握用
AutoCAD 绘制叉架类零件的方法和一些作图技巧，主要作图步骤如下。

1.　创建以下图层。

名称	颜色	线型	线宽
轮廓线层	白色	Continuous	0.50
中心线层	红色	Center	默认
虚线层	黄色	Dashed	默认
剖面线层	绿色	Continuous	默认
文字层	绿色	Continuous	默认
尺寸标注层	绿色	Continuous	默认

2.　设定绘图区域大小为 300×300，单击【视图】选项卡中【导航】面板上的 ◎ 範圍 按钮使
绘图区域充满整个图形窗口。

3.　通过【线型控制】下拉列表打开【线型管理器】对话框，在此对话框中设定线型总体
比例因子为 0.3。

4.　打开极轴追踪、对象捕捉及捕捉追踪功能，设置极轴追踪角度增量为 90°，设置对象捕
捉方式为"端点"、"圆心"及"交点"。

5.　切换到轮廓线层。绘制水平及竖直作图基准线，线的长度为 200 左右，如图 10-28 左图
所示。用 OFFSET 及 TRIM 命令形成主视图细节，如图 10-28 右图所示。

图10-28　绘制作图基准线及主视图细节

6.　从主视图绘制水平投影线，再绘制左视图的对称线，如图 10-29 左图所示。用
CIRCLE、OFFSET 及 TRIM 命令形成左视图细节，如图 10-29 右图所示。

图10-29　绘制水平投影线及左视图细节

7.　复制并旋转左视图，然后向俯视图绘制投影线，如图 10-30 所示。

8.　用 CIRCLE、OFFSET 及 TRIM 命令形成俯视图细节，然后将定位线及剖面线分别修改
到中心线层及剖面线层上，如图 10-31 所示。

图10-30 绘制投影线

图10-31 绘制俯视图细节

9. 打开附盘文件 "dwg\第 10 章\A3.dwg",该文件包含 A3 幅面的图框、表面粗糙度符号及基准代号。利用 Windows 的复制和粘贴功能将图框及标注符号拷贝到零件图中。用 SCALE 命令缩放它们,缩放比例为 1.5,然后把零件图布置在图框中,如图 10-32 所示。

10. 切换到尺寸标注层,标注尺寸及表面粗糙度。尺寸文字字高为 3.5,标注总体比例因子为 1.5。

图10-32 插入图框

11. 切换到文字层,书写技术要求。"技术要求"字高为 5 × 1.5=7.5,其余文字字高为 3.5 × 1.5=5.25,中文字体采用 "gbcbig.shx",西文字体采用 "gbeitc.shx"。

10.2.4 箱体类零件

蜗轮箱零件图如图 10-33 所示,图例的相关说明如下。

图10-33 绘制蜗轮箱零件图

213

一、 材料

HT200。

二、 技术要求

(1) 铸件不得有砂眼、气孔及裂纹等缺陷。

(2) 机加工前进行时效处理。

(3) 未注铸造圆角 *R3-R5*。

(4) 加工面线性尺寸未注公差按 GB1804-m。

三、 形位公差

形位公差的说明如表 10-7 所示。

表 10-7　　　　　　　　　　　　　　　形位公差

形位公差	说明
◎ ⌀0.022 A	孔的轴线对基准轴线的同轴度公差为 ⌀0.022
⊥ 0.03 A	被测端面对基准轴线的垂直度公差为 0.03

四、 表面粗糙度

重要部位表面粗糙度的选用如表 10-8 所示。

表 10-8　　　　　　　　　　　　表面粗糙度

位置	表面粗糙度 Ra	说明
孔表面⌀40J7	1.6	安装轴承的表面
零件底面	6.3	零件的安装面
左右端面	6.3	有位置度要求的表面

【练习10-5】：绘制蜗轮箱零件图，参见图 10-33。这个练习的目的是使读者掌握用 AutoCAD 绘制箱体类零件的方法和一些作图技巧，主要作图步骤如下。

1. 创建以下图层。

名称	颜色	线型	线宽
轮廓线层	白色	Continuous	0.50
中心线层	红色	Center	默认
虚线层	黄色	Dashed	默认
剖面线层	绿色	Continuous	默认
文字层	绿色	Continuous	默认
尺寸标注层	绿色	Continuous	默认

2. 设定绘图区域大小为 300×300，单击【视图】选项卡中【导航】面板上的 范围 按钮使绘图区域充满整个图形窗口。

3. 通过【线型控制】下拉列表打开【线型管理器】对话框，在此对话框中设定线型总体比例因子为 0.3。

4. 打开极轴追踪、对象捕捉及捕捉追踪功能，设置极轴追踪角度增量为 90°，设置对象捕捉方式为 "端点"、"圆心" 及 "交点"。

5. 切换到轮廓线层。绘制水平及竖直作图基准线，线的长度为 200 左右，如图 10-34 左图所示。用 CIRCLE、OFFSET 及 TRIM 命令形成主视图细节，如图 10-34 右图所示。

图10-34 绘制作图基准线及主视图细节

6. 从主视图绘制水平投影线，再绘制左视图的对称线，如图 10-35 左图所示。用 CIRCLE、OFFSET 及 TRIM 命令形成左视图细节，如图 10-35 右图所示。

图10-35 绘制水平投影线及左视图细节

7. 复制并旋转左视图，然后向俯视图绘制投影线，如图 10-36 所示。

8. 用 CIRCLE、OFFSET 及 TRIM 命令形成俯视图细节，然后将定位线及剖面线分别修改到中心线层及剖面线层上，如图 10-37 所示。

图10-36 绘制投影线   图10-37 绘制俯视图细节

9. 打开附盘文件 "dwg\第 10 章\A3.dwg"，该文件包含 A3 幅面的图框、表面粗糙度符号及基准代号。利用 Windows 的复制和粘贴功能将图框及标注符号拷贝到零件图中。用 SCALE 命令缩放它们，缩放比例为 2，然后把零件图布置在图框中，如图 10-38 所示。

图10-38 插入图框

10. 切换到尺寸标注层，标注尺寸及表面粗糙度。尺寸文字字高为 3.5，标注总体比例因子为 2。

11. 切换到文字层，书写技术要求。"技术要求"字高为 5×2=10，其余文字字高为 3.5×2=7，中文字体采用 "gbcbig.shx"，西文字体采用 "gbeitc.shx"。

10.3   获取零件图的几何信息

设计过程中，用户有时需计算零件图的面积、周长或两点间距离等，利用 LIST 及 DIST 命令可以很方便地完成这项任务。

LIST 命令将列表显示对象的图形信息，这些信息随对象类型的不同而不同，一般包括以下内容。

- 对象类型、图层及颜色。
- 对象的一些几何特性，如直线的长度、端点坐标、圆心位置、半径大小、圆的面积及周长等。

DIST 命令可测量两点之间的距离，也可计算出与两点连线相关的某些角度。

10.3.1   计算零件图面积及周长

获取零件图面积及周长的方法是先将图形创建成面域对象，然后用 LIST 命令列出图形面积、周长等几何信息。

【**练习10-6**】： 打开附盘文件 "dwg\第 10 章\10-6.dwg"，如图 10-39 所示，试计算图形的面积及外轮廓线的周长。

图10-39   获取面积及周长信息

1. 用 REGION 命令将图形外轮廓线框创建成面域。
2. 用 LIST 命令获取外轮廓线框面域的周长。

        命令: list
        选择对象: 找到 1 个   //选择面域
        选择对象: //按 Enter 键
                    REGION   图层: 0
                              面积: 149529.9418
                              周长: 1766.9728

3. 用 REGION 命令将图形内部的两个长槽及 4 个圆孔创建成面域，再执行差运算将它们从外轮廓线框面域中去除。
4. 用 LIST 命令查询面域的面积。

        命令: list
        选择对象: 找到 1 个   //选择面域
        选择对象: //按 Enter 键
                    REGION   图层: 0
                              面积: 117908.4590
                              周长: 3529.6745

10.3.2　计算带长及带轮中心距

带传动图如图 10-40 所示，若要计算带长及两个大带轮的中心距，可使用 LIST 及 DIST 命令。

【练习10-7】：　打开附盘文件"dwg\第 10 章\10-7.dwg"，如图 10-40 所示，试计算带长及两个大带轮的中心距。

1.　用 DIST 命令查询两个大带轮的中心距。

命令: dist

指定第一点:　　　　　　　　　　　　　　//捕捉一个带轮的中心

指定第二点:　　　　　　　　　　　　　　//捕捉另一个带轮的中心

距离 = 640.3124，XY 平面中的倾角 = 39，　与 XY 平面的夹角 = 0

X 增量 = 500.0000，　Y 增量 = 400.0000，　Z 增量 = 0.0000

2.　修剪带传动图，再删除多余线条，然后将其创建成面域，如图 10-41 所示。

图10-40　计算带长及带轮的中心距

图10-41　修剪对象并创建面域

3.　用 LIST 命令查询面域周长，此周长值即带长。

命令: list

选择对象: 找到 1 个　　　　　　　　　　//选择面域

选择对象:　　　　　　　　　　　　　　　//按 Enter 键

　　　　REGION　　图层: 0

　　　　　　　　　面积: 210436.5146

　　　　　　　　　周长: 2150.0355

10.4　保持图形标准一致

在实际图纸设计工作中，有许多项目都需采取统一标准，如字体、标注样式、图层和标题栏等，下面介绍两种使图形标准保持一致的方法。

10.4.1　创建及使用样板图

可以使用样板图来建立绘图环境，在样板图中保存了各种标准设置，每当创建新图时，就以样板文件为原型图，将它的设置复制到当前图样中，这样新图就具有与样板图相同的作图环境。

AutoCAD 中有许多标准的样板文件，它们都存放在"Template"文件夹中，扩展名是".dwt"。用户可根据需要建立自己的标准样板，这个标准样板一般应具有以下一些设置。

- 单位类型和精度。
- 图形界限。
- 图层、颜色和线型。
- 标题栏及边框。
- 标注样式及文字样式。
- 常用标注符号。

创建样板图的方法与建立一个新文件类似。当用户将样板文件包含的所有标准项目设置完成后，将此文件另存为".dwt"类型文件。

当要通过样板图创建新图形时，单击【文件】/【新建】，打开【选择样板】对话框，通过此对话框找到所需的样板文件，单击 打开(O) 按钮，AutoCAD 就以此文件为样板创建新图形。

10.4.2　通过设计中心复制图层、文字样式及尺寸样式

使用 AutoCAD【设计中心】可以很容易地查找、组织图形文件，还能直接浏览及复制图形数据（不管该图形文件是否打开）。此外，通过【设计中心】还可把某个图形文件包含的图层、文本样式和尺寸样式等信息展示出来，并能利用拖放操作把这些内容复制到另一图形中，以下的练习演示了这种操作过程。

【练习10-8】：通过【设计中心】复制图层、文字样式及尺寸样式。

1. 单击【视图】选项卡中【选项板】面板上的 按钮，打开【设计中心】对话框，在该对话框左边的文件夹列表框中找到 "AutoCAD 2010\Sample" 子目录，选中并打开该子目录中的 "Database Connectivity" 文件夹，然后单击 按钮，选择 "大图标"，则【设计中心】右边的窗口中显示出文件夹里图形文件的小型图片，如图10-42 所示。

2. 单击 "db_samp.dwg" 图形文件的小图片以选中它，然后再单击鼠标右键，弹出快捷菜单，选择 "浏览" 选项，结果如图 10-43 所示。

3. 若要显示图形中图层的详细信息，就选中 "图层"，然后单击鼠标右键，弹出快捷菜单，选择 "浏览" 选项，则【设计中心】列出图形中所有的图层，如图 10-44 所示。

4. 选中某一图层，按住鼠标左键将其拖入当前图形中，则此图层成为当前图形的一个图层。

图10-42　【设计中心】对话框

图10-43 显示图层、文本样式、标注样式等信息

图10-44 列出图层的详细信息

5. 用上述类似的方法可将文字样式及尺寸样式拖入当前图形中使用。

10.5 习题

1. 绘制拉杆轴零件图，如图 10-45 所示。图幅选用 A3，绘图比例为 1:1，尺寸文字字高为 3.5，技术要求中的文字字高分别为 5 和 3.5，中文字体采用 "gbcbig.shx"，西文字体采用 "gbeitc.shx"。

图10-45 拉杆轴零件图

2. 绘制调节盘零件图，如图 10-46 所示。图幅选用 A3，绘图比例为 1:1.5，尺寸文字字高为 3.5，技术要求中的文字字高分别为 5 和 3.5，中文字体采用"gbcbig.shx"，西文字体采用"gbeitc.shx"。

图10-46 调节盘零件图

3. 绘制弧形连杆零件图，如图 10-47 所示。图幅选用 A3，绘图比例为 1:1.5，尺寸文字字高为 3.5，技术要求中的文字字高分别为 5 和 3.5，中文字体采用"gbcbig.shx"，西文字体采用"gbeitc.shx"。

图10-47 弧形连杆零件图

第11章 AutoCAD 产品设计方法及装配图

【学习目标】
- 利用 AutoCAD 设计新产品的步骤。
- 根据装配图拆画零件图。
- 检验零件间装配尺寸的正确性。
- 由零件图组合装配图。
- 给装配图中的零件编号以及形成零件明细表。

11.1   用 AutoCAD 进行产品设计的步骤

开发一个全新的产品与修改现有产品采取的方法是不同的，前者的一个显著特点是方案的提出及修改，而后者则是在原有设计方案的基础上进一步改进。新产品的设计包含大量创造性劳动，主要包括提出设计方案，对多个方案进行比较、评价并确定最佳方案，绘制装配图及零件图等。在产品设计的整个过程中，用 AutoCAD 采取适当的设计方法，可以达到事半功倍的效果。下面以开发新型绕簧机为例，说明用 AutoCAD 进行产品设计的方法。

11.1.1   绘制 1∶1 的总体方案图

进行新产品开发的第一步是绘制 1∶1 的总体方案图，图中要表示产品的主要组成部分、各部分大致形状以及重要尺寸。此外，该图还应表明产品的工作原理。图 11-1 所示为绕簧机总体方案图之一，它表明了绕簧机由机架、绕簧支架、电机等几部分组成，还表明了各部分之间的位置关系。

图11-1　绘制总体方案图

绘制总体方案图的主要作图步骤如下。
(1)　绘制重要定位线及作图基准线。
(2)　绘制出主要零部件的大致形状。

(3) 确定主要零部件间的位置关系。

(4) 确定传动方案及传动路线。

11.1.2 设计方案的对比及修改

绘制了初步的总体方案图后，就要对方案进行广泛且深入的讨论，发现问题并进行修改。对于产品的关键结构及重要功能，更要反复细致地讨论，争取获得较为理想的解决方案。

在方案讨论阶段，可复制原有方案，然后对原方案进行修改。将修改后的方案与旧方案放在一起进行对比讨论，效果会更好。图 11-2 所示为原设计方案与修改后的方案。

图11-2 不同设计方案的对比

11.1.3 绘制装配图——详细的结构设计

确定总体方案后，接下来就要对产品的各部件进行详细的结构设计（绘制详细装配图），这一阶段主要要完成以下工作。

- 确定各零件的主要形状及尺寸，尺寸数值要精确，不能随意。对于关键结构及有装配关系的地方，更应精确地绘制。在这一点上，与手工设计是不同的。
- 轴承、螺栓、挡圈、联轴器及电机等要按正确尺寸绘制出外形图，特别是安装尺寸要绘制正确。
- 利用 MOVE、COPY 及 ROTATE 命令模拟运动部件的工作位置，以确定关键尺寸及重要参数。
- 利用 MOVE 和 COPY 命令调整链轮、带轮的位置，以获得最佳的传动布置方案。对于带长及链长，可利用创建面域并查询周长的方法获得。

绘制产品装配图的主要作图步骤如下。

(1) 绘制主要定位线及作图基准线。

(2) 绘制出主要零件的外形轮廓。

(3) 绘制主要的装配干线。先绘制出该装配干线上的一个重要零件，再以该零件为基准件依次绘制其他零件。要求零件的结构尺寸要精确，为以后拆画零件图做好准备。

(4) 绘制次要的装配干线。

图 11-3 所示为完成主要结构设计的绕簧支架，该图是一张细致的产品装配图，各部分尺寸都是精确无误的，可依据此图拆画零件图。

图11-3　产品装配图

11.1.4　由装配图拆画零件图

绘制了精确的装配图后，就可利用 AutoCAD 的复制及粘贴功能从该图拆画零件图，具体过程如下。

- 将结构图中某个零件的主要轮廓复制到剪贴板上。
- 通过样板文件创建一个新文件，然后将剪贴板上的零件图粘贴到当前文件中。
- 在已有零件图的基础上进行详细的结构设计，要求精确地进行绘制，以便以后利用零件图检验装配尺寸的正确性，详见 11.1.5 小节。

【练习11-1】：　打开附盘文件"\dwg\第 11 章\11-1.dwg"，如图 11-4 所示，由部件装配图拆画零件图。

图11-4　由部件装配图拆画零件图

1. 创建新图形文件，文件名为"筒体.dwg"。
2. 切换到文件"11-1.dwg"，在图形窗口中单击鼠标右键，弹出快捷菜单，选择【带基点复制】选项，然后选择筒体零件并指定复制的基点为 A 点，如图 11-5 所示。
3. 切换到文件"筒体.dwg"，在图形窗口中单击鼠标右键，弹出快捷菜单，选择【粘贴】选项，结果如图 11-6 所示。
4. 对筒体零件进行必要的编辑，结果如图 11-7 所示。

图11-5　复制筒体零件

图11-6　粘贴筒体零件

图11-7　编辑筒体零件

11.1.5 "装配"零件图以检验配合尺寸的正确性

复杂机器设备常常包含成百上千个零件，这些零件要正确地装配在一起，就必须保证所有零件配合尺寸的正确性，否则就会产生干涉。若技术人员按一张张图纸去核对零件的配合尺寸，工作量非常大，且容易出错。怎样才能更有效地检查配合尺寸的正确性呢？可先通过 AutoCAD 的复制及粘贴功能将零件图"装配"在一起，然后通过查看"装配"后的图样就能迅速判定配合尺寸是否正确。

【练习11-2】：打开附盘文件"dwg\第 11 章"中的"11-2-A.dwg"、"11-2-B.dwg"和"11-2-C.dwg"，将它们装配在一起以检验配合尺寸的正确性。

1. 创建新图形文件，文件名为"装配检验.dwg"。
2. 切换到图形"11-2-A.dwg"，关闭标注层，如图 11-8 所示，在图形窗口中单击鼠标右键，弹出快捷菜单，选择【带基点复制】选项，复制零件主视图。
3. 切换到图形"装配检验.dwg"，在图形窗口中单击鼠标右键，弹出快捷菜单，选择【粘贴】选项，结果如图 11-9 所示。

图11-8　复制零件主视图

图11-9　粘贴零件主视图

4. 切换到图形"11-2-B.dwg"，关闭标注层，在图形窗口中单击鼠标右键，弹出快捷菜单，选择【带基点复制】选项，复制零件主视图。

5. 切换到图形"装配检验.dwg"，在图形窗口中单击鼠标右键，弹出快捷菜单，选择【粘贴】选项，结果如图 11-10 左图所示。

6. 用 MOVE 命令将两个零件装配在一起，结果如图 11-10 右图所示。由图可以看出，两零件正确地配合在一起，它们的装配尺寸是正确的。

7. 用与上述同样的方法，将零件"11-2-C"与"11-2-A"也装配在一起，结果如图 11-11 所示。

图11-10　将两个零件装配在一起　　　　　　　　图11-11　将多个零件装配在一起

11.1.6　由零件图组合装配图

若已绘制了机器或部件的所有零件图，当需要一张完整的装配图时，可考虑利用零件图来拼画装配图，这样能避免重复劳动，提高工作效率。拼画装配图的方法如下。

- 创建一个新文件。
- 打开所需的零件图，关闭尺寸所在的图层，利用复制及粘贴功能将零件图复制到新文件中。
- 利用 MOVE 命令将零件图组合在一起，再进行必要的编辑形成装配图。

【练习11-3】：　打开附盘文件"dwg\第 11 章"中的"11-3-A.dwg"、"11-3-B.dwg"、"11-3-C.dwg"和"11-3-D.dwg"，将 4 张零件图"装配"在一起形成装配图。

1. 创建新图形文件，文件名为"装配图.dwg"。

2. 切换到图形"11-3-A.dwg"，在图形窗口中单击鼠标右键，弹出快捷菜单，选择【带基点复制】选项，复制零件主视图。

3. 切换到图形"装配图.dwg"，在图形窗口中单击鼠标右键，弹出快捷菜单，选择【粘贴】选项，结果如图 11-12 所示。

图11-12　粘贴零件主视图

4. 切换到图形"11-3-B.dwg"，在图形窗口中单击鼠标右键，弹出快捷菜单，选择【带基点复制】选项，复制零件左视图。

5. 切换到图形"装配图.dwg",在图形窗口中单击鼠标右键,弹出快捷菜单,选择【粘贴】选项,重复粘贴操作,结果如图 11-13 所示。

图11-13　粘贴零件左视图

6. 用 MOVE 命令将零件图装配在一起,结果如图 11-14 所示。

图11-14　将零件图装配在一起

7. 用与上述类似的方法,将零件图"11-3-C"与"11-3-D"也插入装配图中,并进行必要的编辑,结果如图 11-15 所示。

图11-15　将零件图装配在一起

8. 打开附盘文件"dwg\第 11 章\标准件.dwg",将该文件中的 M20 螺栓、螺母、垫圈等标准件复制到"装配图.dwg"中,然后用 MOVE 和 ROTATE 命令将这些标准件装配到正确的位置,结果如图 11-16 所示。

图11-16　插入及装配标准件

11.2　标注零件序号

使用 MLEADER 命令可以很方便地创建带下划线或带圆圈形式的零件序号，生成序号后，用户可通过关键点编辑方式调整引线或序号数字的位置。

【练习11-4】：　编写零件序号。

1.　打开附盘文件 "dwg\第 11 章\11-4.dwg"。

2.　单击【注释】面板上的 ⟨图标⟩ 按钮，打开【多重引线样式管理器】对话框，再单击 修改(M)... 按钮，打开【修改多重引线样式】对话框，在该对话框中完成以下设置。

* 【引线格式】选项卡，如图 11-17 所示。

图11-17　引线格式设置

* 【引线结构】选项卡，如图 11-18 所示。

图11-18　引线结构设置

文本框中的数值 2 表示下划线端点与引线端点间的距离，"指定比例"栏中的数值等于绘图比例的倒数。

* 【内容】选项卡。
  设置的选项如图 11-19 所示。其中，【基线间距】文本框中的数值表示下划线的长度。

3.　单击【注释】面板上的 ⟨多重引线⟩ 按钮，启动创建引线标注命令，标注零件序号，结果如图 11-20 所示。

图11-19　【修改多重引线样式】对话框

图11-20　标注零件序号

4.　对齐零件序号。单击【注释】面板上的 ⟨对齐⟩ 按钮，选择零件序号 1、2、3、5，按 Enter 键，然后选择要对齐的序号 4，并指定水平方向为对齐方向，结果如图 11-21 所示。

图11-21 对齐零件序号

11.3 编写明细表

用户可事先创建空白表格对象，并保存在一个文件中，当要编写零件明细表时，打开该文件，然后填写表格对象。

【**练习11-5**】：打开附盘文件"dwg\第 11 章\明细表.dwg"，该文件包含一个零件明细表。此表是表格对象，通过鼠标左键双击其中一个单元格就可填写文字，填写结果如图 11-22 所示。

			5		右阀体		1		青铜			
旧底图总号			4		手柄		1		HT150			
			3		球形阀瓣		1		黄铜			
			2		阀杆		1		35			
底图总号			1		左阀体		1		青铜			
					制定					标记		
					缮写						共 页 第 页	
签名	日期				校对							
					标准化检查		明细表					
标记	更改内容或依据	更改人	日期	审核								

图11-22 填写明细表

11.4 习题

1. 打开附盘文件"dwg\第 11 章\11-6.dwg"，如图 11-23 所示，由此装配图拆画零件图。

图11-23 由装配图拆画零件图

228

2. 打开附盘文件"dwg\第 11 章"中的"11-7-A.dwg"、"11-7-B.dwg"、"11-7-C.dwg"、"11-7-D.dwg"和"11-7-E.dwg",将它们装配在一起并进行必要的编辑以形成装配图,如图 11-24 所示。

图11-24　由零件图组合装配图

第12章 轴测图

【学习目标】
- 激活轴测投影模式。
- 在轴测模式下绘制线段、圆及平行线。
- 在轴测图中添加文字。
- 给轴测图标注尺寸。

12.1 激活轴测投影模式

在 AutoCAD 中，用户可以打开轴测投影模式绘制轴测图。当此模式被激活后，十字光标的短线会自动调整到与当前轴测面内轴测轴一致的位置，如图 12-1 所示。

图12-1　打开轴测投影模式

【练习12-1】：激活轴测投影模式。

1. 打开附盘文件"dwg\第 12 章\12-1.dwg"，选取菜单命令【工具】/【草图设置】，打开【草图设置】对话框，单击【捕捉和栅格】选项卡，弹出新的一页，如图 12-2 所示。

图12-2　【草图设置】对话框

2. 在【捕捉类型】分组框中选取【等轴测捕捉】单选项，激活轴测投影模式。
3. 单击 ⌷确定⌷ 按钮，退出对话框，指针处于左轴测面内，如图 12-1 所示。
4. 按 F5 键切换至顶轴测面，如图 12-1 所示。
5. 按 F5 键切换至右轴测面，如图 12-1 所示。

12.2　在轴测投影模式下作图

　　进入轴测模式后，用户仍然是利用基本的二维绘图命令来创建直线、椭圆等图形对象，但要注意这些图形对象轴测投影的特点，如水平直线的轴测投影将变为斜线，圆的轴测投影将成为椭圆。

12.2.1　在轴测模式下绘制线段

　　在轴测模式下绘制线段常采用以下 3 种方法。

　　(1)　通过输入点的极坐标来绘制线段。当所绘线段与不同的轴测轴平行时，输入的极坐标角度值将不同。

　　(2)　打开正交模式辅助绘制线段，此时所绘线段将自动与当前轴测面内的某一轴测轴方向一致。例如，若处于右轴测面且打开正交状态，那么所画线段将沿着 30° 或者 90° 方向。

　　(3)　利用极轴追踪、自动追踪功能绘制线段。打开极轴追踪、对象捕捉和自动追踪功能，并设定极轴追踪的角度增量为 30°，这样就能很方便地画出 30°、90° 或 150° 方向的线段。

【练习12-2】：　在轴测模式下绘制线段的方法。

1. 激活轴测投影模式。
2. 输入点的极坐标绘制线段。

命令：　<等轴测平面 右>	//按 F5 键切换到右轴测面
命令：_line 指定第一点：	//单击 A 点，如图 12-3 所示
指定下一点或 [放弃(U)]：@100<30	//输入 B 点的相对坐标
指定下一点或 [放弃(U)]：@150<90	//输入 C 点的相对坐标
指定下一点或 [闭合(C)/放弃(U)]：@40<-150	//输入 D 点的相对坐标
指定下一点或 [闭合(C)/放弃(U)]：@95<-90	//输入 E 点的相对坐标
指定下一点或 [闭合(C)/放弃(U)]：@60<-150	//输入 F 点的相对坐标
指定下一点或 [闭合(C)/放弃(U)]：c	//使线框闭合

　　结果如图 12-3 所示。

3. 打开正交状态绘制线段。

命令：　<等轴测平面 左>	//按 F5 键切换到左轴测面
命令：　<正交 开>	//打开正交
命令：_line 指定第一点：int 于	//捕捉 A 点，如图 12-4 所示
指定下一点或 [放弃(U)]：100	//输入线段 AG 的长度
指定下一点或 [放弃(U)]：150	//输入线段 GH 的长度

指定下一点或 [闭合(C)/放弃(U)]: 40　　　　　//输入线段 *HI* 的长度

指定下一点或 [闭合(C)/放弃(U)]: 95　　　　　//输入线段 *IJ* 的长度

指定下一点或 [闭合(C)/放弃(U)]: end 于　　　　//捕捉 *F* 点

指定下一点或 [闭合(C)/放弃(U)]:　　　　　　　//按 Enter 键结束

结果如图 12-4 所示。

4. 打开极轴追踪、对象捕捉及自动追踪功能，指定极轴追踪角度增量为 30°，设定对象捕捉方式为 "端点" 和 "交点"，沿所有极轴角进行自动追踪。

命令: <等轴测平面 上>　　　　　　　　　　//按 F5 键切换到顶轴测面

命令: <等轴测平面 右>　　　　　　　　　　//按 F5 键切换到右轴测面

命令: _line 指定第一点: 20　　　　　　　　//从 *A* 点沿 30°方向追踪并输入追踪距离

指定下一点或 [放弃(U)]: 30　　　　　　　　//从 *K* 点沿 90°方向追踪并输入追踪距离

指定下一点或 [放弃(U)]: 50　　　　　　　　//从 *L* 点沿 30°方向追踪并输入追踪距离

指定下一点或 [闭合(C)/放弃(U)]:　　　　　　//从 *M* 点沿-90°方向追踪并捕捉交点 *N*

指定下一点或 [闭合(C)/放弃(U)]:　　　　　　//按 Enter 键结束

结果如图 12-5 所示。

图12-3　在右轴测面内绘制线段（1）

图12-4　在左轴测面内绘制线段

图12-5　在右轴测面内绘制线段（2）

12.2.2　在轴测面内绘制平行线

一般我们是用 OFFSET 命令绘制平行线，但在轴测面内绘制平行线与标准模式下绘制平行线的方法有所不同。如图 12-6 所示，在顶轴测面内作线段 *A* 的平行线 *B*，要求它们之间沿 30°方向的间距是 30，如果使用 OFFSET 命令，并直接输入偏移距离 30，则平移后两线间的垂直距离等于 30，而沿 30°方向的间距并不是 30。为避免上述情况，操作时使用 COPY 命令，将线段 *A* 沿 30°方向复制距离 30 即得到线段 *B*，如图 12-6 左图所示。

使用OFFSET命令　　　　　　　　　　使用COPY命令

图12-6　画平行线

【练习12-3】：　在轴测面内作平行线。

1. 打开附盘文件 "dwg\第 12 章\12-3.dwg"。

2. 打开极轴追踪、对象捕捉及自动追踪功能。指定极轴追踪角度增量为 30°，设定对象捕捉方式为 "端点" 和 "交点"，设置沿所有极轴角进行自动追踪。

3. 使用 COPY 命令形成平行线。

```
命令：_copy
选择对象：找到 1 个                         //选择线段 A，如图 12-7 所示
选择对象：                                 //按 Enter 键
指定基点或 [位移(D)] <位移>：               //单击一点
指定第二个点或 <使用第一个点作为位移>：26    //沿-150°方向追踪并输入追踪距离
指定第二个点或 [退出(E)/放弃(U)] <退出>:52   //沿-150°方向追踪并输入追踪距离
指定第二个点或 [退出(E)/放弃(U)] <退出>：    //按 Enter 键结束
命令：COPY                                 //重复命令
选择对象：找到 1 个                         //选择线段 B
选择对象：                                 //按 Enter 键
指定基点或 [位移(D)] <位移>： 15<90         //输入拷贝的距离和方向
指定第二个点或 <使用第一个点作为位移>：      //按 Enter 键结束
```

结果如图 12-7 所示。

图12-7　绘制平行线

12.2.3　轴测模式下角的绘制方法

在轴测面内绘制角度时，不能按角度的实际值进行绘制，因为在轴测投影图中，投影角度值与实际角度值是不相符的。在这种情况下，我们应先确定角边上点的轴测投影，并将点连线，就可获得实际角的轴测投影了。

【练习12-4】：　绘制角的轴测投影。

1. 打开附盘文件 "dwg\第 12 章\12-4.dwg"。

2. 打开极轴追踪、对象捕捉及自动追踪功能。指定极轴追踪角度增量为 30°，设定对象捕捉方式为 "端点" 和 "交点"，设置沿所有极轴角进行自动追踪。

3. 绘制线段 B、C 和 D，如图 12-8 左图所示。

```
命令：_line 指定第一点：50        //从 A 点沿 30°方向追踪并输入追踪距离
指定下一点或 [放弃(U)]：80        //从 A 点沿-90°方向追踪并输入追踪距离
指定下一点或 [放弃(U)]：          //按 Enter 键结束
```

复制线段 B，再连线 C 和 D，然后修剪多余线条，结果如图 12-8 右图所示。

图12-8　形成角的轴测投影

12.2.4　绘制圆的轴测投影

圆的轴测投影是椭圆，当圆位于不同的轴测面内时，椭圆的长、短轴的位置将是不相同的。手工绘制圆的轴测投影是比较麻烦的，但在 AutoCAD 中却可直接使用 ELLIPSE 命令的"等轴测圆(I)"选项来绘制。这个选项仅在轴测模式被激活时才出现。

键入 ELLIPSE 命令，AutoCAD 提示如下：

```
命令: _ellipse
指定椭圆轴的端点或 [圆弧(A)/中心点(C)/等轴测圆(I)]: I          //输入"I"
指定等轴测圆的圆心:                                          //指定圆心
指定等轴测圆的半径或 [直径(D)]:                              //输入圆半径
```

选择"等轴测圆(I)"选项，再根据提示指定椭圆中心并输入圆的半径值，则 AutoCAD 会自动在当前轴测面中绘制出相应圆的轴测投影。

绘制圆的轴测投影时，首先要利用 F5 键切换到合适的轴测面使之与圆所在的平面对应起来，这样才能使椭圆看起来是在轴测面内，如图 12-9 左图所示，否则所绘制椭圆的形状是不正确的。如图 12-9 右图所示，圆的实际位置在正方体的顶面，而所绘轴测投影却位于右轴测面内，结果轴测圆与正方体的投影就显得不匹配了。

图12-9　绘轴测圆

轴测图中经常要绘制线与线间的圆滑过渡，此时过渡圆弧变为椭圆弧。绘制这个椭圆弧的方法是在相应的位置绘制一个完整的椭圆，然后使用 TRIM 命令修剪多余的线条，如图 12-10 所示。

图12-10　过渡的椭圆弧

【练习12-5】：　在轴测图中绘制圆及过渡圆弧。

1.　打开附盘文件 "dwg\第 12 章\12-5.dwg"。

2.　激活轴测投影模式。

3.　打开极轴追踪、对象捕捉及自动追踪功能。指定极轴追踪角度增量为 30°，设定对象捕捉方式为 "端点" 和 "交点"，设置沿所有极轴角进行自动追踪。

4.　切换到顶轴测面，启动 ELLIPSE 命令，AutoCAD 提示如下。

命令：_ellipse

指定椭圆轴的端点或 [圆弧(A)/中心点(C)/等轴测圆(I)]：I //使用 "等轴测圆(I)" 选项

指定等轴测圆的圆心：tt　　　　　　　　//建立临时参考点

指定临时对象追踪点：20　　　　　　　　//从 A 点沿 30°方向追踪并输入 B 点与 A 点的
　　　　　　　　　　　　　　　　　　　距离，如图 12-11 左图所示

指定等轴测圆的圆心：20　　　　　　　　//从 B 点沿 150°方向追踪并输入追踪距离

指定等轴测圆的半径或 [直径(D)]：20　//输入圆半径

命令：ELLIPSE　　　　　　　　　　　　//重复命令

指定椭圆轴的端点或 [圆弧(A)/中心点(C)/等轴测圆(I)]：i
　　　　　　　　　　　　　//使用 "等轴测圆(I)" 选项

指定等轴测圆的圆心：tt　　　　　　　　//建立临时参考点

指定临时对象追踪点：50　　　　　　　　//从 A 点沿 30°方向追踪并输入 C 点与 A 点的距离

指定等轴测圆的圆心：60　　　　　　　　//从 C 点沿 150°方向追踪并输入追踪距离

指定等轴测圆的半径或 [直径(D)]：15　//输入圆半径

结果如图 12-11 左图所示，修剪多余线条，结果如图 12-11 右图所示。

图12-11　绘制椭圆及过渡圆弧

12.3　在轴测图中书写文本

为了使某个轴测面中的文本看起来像是在该轴测面内，就必须根据各轴测面的位置特点将文字倾斜某一个角度值，以使它们的外观与轴测图协调起来，否则立体感就不是很好。图 12-12 所示为在轴测图的 3 个轴测面上采用适当倾角书写文本后的结果。

图12-12　轴测面上的文本

各轴测面上文本的倾斜规律如下。

- 在左轴测面上，文本需采用-30°的倾斜角。
- 在右轴测面上，文本需采用 30°的倾斜角。
- 在顶轴测面上，当文本平行于 x 轴时，采用-30°的倾斜角。
- 在顶轴测面上，当文本平行于 y 轴时，需采用 30°的倾斜角。

由以上规律可以看出，各轴测面内的文本或是倾斜 30°或是倾斜-30°，因此在轴测图中书写文字时，应事先建立倾斜角分别是 30°和-30°的两种文本样式，这样只要利用合适的文本样式控制文本的倾斜角度就能够保证文字外观看起来是正确的。

【练习12-6】：创建倾斜角分别是 30°和-30°的两种文字样式，然后在各轴测面内书写文字。

1. 打开附盘文件 "dwg\第 12 章\12-6.dwg"。
2. 选取菜单命令【格式】/【文字样式】，打开【文字样式】对话框，如图 12-13 所示。

图12-13　【文字样式】对话框

3. 单击 新建(N)... 按钮，建立名为"样式 1"的文本样式。在"字体名"下拉列表中将文本样式所连接的字体设定为"楷体"，在"效果"区域的"倾斜角度"栏中输入数值 30，如图 12-13 所示。

4. 用同样的方法建立倾斜角是-30°的文字样式"样式 2"，接下来在轴测面上书写文字。

5. 激活轴测模式，并切换至右轴测面。

命令: dt	//利用 DTEXT 命令书写单行文本
TEXT	
指定文字的起点或 [对正(J)/样式(S)]: s	//使用选项"S"指定文字的样式
输入样式名或 [?] <样式 2>: 样式 1	//选择文字样式"样式 1"
指定文字的起点或 [对正(J)/样式(S)]:	//选取适当的起始点 A，如图 12-14 所示
指定高度 <22.6472>: 16	//输入文本的高度
指定文字的旋转角度 <0>: 30	//指定单行文本的书写方向
使用 STYLE1	//输入文字并按 Enter 键
	//按 Enter 键结束

6. 单击 F5 键切换至左轴测面，使"样式 2"成为当前样式，以 B 点为起始点书写文字"使用 STYLE2"，文字高度为 16，旋转角度为-30°，结果如图 12-14 所示。

7. 单击 F5 键切换至顶轴测面，以 *D* 点为起始点书写文字"使用 STYLE2"，文字高度为 16，旋转角度为 30°。使"样式 1"成为当前样式，以 *C* 点为起始点书写文字"使用 STYLE1"，文字高度为 16，旋转角度为-30°，结果如图 12-14 所示。

图12-14 写文本

12.4 标注尺寸

当用标注命令在轴测图中创建尺寸后，标注的外观看起来与轴测图本身不协调。为了让某个轴测面内的尺寸标注看起来就像是在这个轴测面中，就需要将尺寸线、尺寸界线倾斜某一角度，使它们与相应的轴测轴平行。此外，标注文本也必须设置成倾斜某一角度的形式，才能控制文本的外观也具有立体感。图 12-15 所示为标注的初始状态与调整外观后结果的比较。

图12-15 标注外观

在轴测图中标注尺寸时，一般采取以下步骤。
1. 创建两种尺寸样式，这两种样式控制的标注文本的倾斜角度分别是 30° 和-30°。
2. 由于等轴测图中，只有沿与轴测轴平行的方向进行测量才能得到真实的距离值，因而在创建轴测图的尺寸标注时，应使用 DIMALIGNED 命令（对齐尺寸）。
3. 标注完成后，使用 DIMEDIT 命令的"倾斜(O)"选项修改尺寸界线的倾斜角度，使尺寸界线的方向与轴测轴的方向一致，这样标注外观就具有立体感。

【练习12-7】：在轴测图中标注尺寸。
1. 打开附盘文件"dwg\第 12 章\12-7.dwg"。
2. 建立倾斜角分别是 30° 和-30° 的两种文本样式，样式名分别是"样式-1"和"样式-2"，这两个样式连接的字体文件是"gbeitc.shx"。
3. 再创建两种尺寸样式，样式名分别是"DIM-1"和"DIM-2"，其中"DIM-1"连接文本样式"样式-1"，"DIM-2"连接文本样式"样式-2"。
4. 打开极轴追踪、对象捕捉及自动追踪功能。指定极轴追踪角度增量为 30°，设定对象捕捉方式为"端点"和"交点"，设置沿所有极轴角进行自动追踪。
5. 指定尺寸样式"DIM-1"为当前样式，然后使用 DIMALIGNED 命令标注尺寸"22"、"30"和"56"等，如图 12-16 所示。

图12-16 标注对齐尺寸

6. 使用 DIMEDIT 命令的"倾斜(O)"选项将尺寸界线倾斜到竖直的位置、30°或-30°的位置，如图 12-17 所示。

图12-17 修改尺寸界线的倾角

7. 指定尺寸样式"DIM-2"为当前样式，单击【注释】选项卡中【标注】面板上的 ⟨图标⟩按钮，选择尺寸"56"、"34"和"15"进行更新，结果如图 12-18 所示。

图12-18 更新尺寸标注

8. 利用关键点编辑方式调整标注文字及尺寸线的位置，结果如图 12-19 所示。

图12-19　调整标注文字及尺寸线的位置

9.　用上述类似的方法标注其余尺寸，结果如图 12-20 所示。

图12-20　标注其余尺寸

有时使用引线在轴测图中进行标注，但外观一般不会满足要求，此时可用 EXPLODE 命令将标注分解，然后分别调整引线和文本的位置。

12.5　综合训练——绘制轴测图

【练习12-8】：　绘制如图 12-21 所示的轴测图。

图12-21　绘制轴测图

1. 创建新图形文件。

2. 激活轴测投影模式，打开极轴追踪、对象捕捉及自动追踪功能，指定极轴追踪角度增量为"30"，对象捕捉方式为"端点"和"交点"，沿所有极轴角进行自动追踪。

3. 切换到右轴测面，使用 LINE 命令绘制线框 *A*，如图 12-22 所示。

4. 沿 150° 方向复制线框 *A*，复制距离 90，再使用 LINE 命令连线 *B*、*C* 等，如图 12-23 左图所示，修剪及删除多余线条，结果如图 12-23 右图所示。

图12-22　绘制线框 *A*　　　　　　　　　　　　　　　图12-23　复制对象及连线

5. 使用 LINE 命令绘制线框 *D*，使用 COPY 命令形成平行线 *E*、*F*、*G*，如图 12-24 左图所示，修剪及删除多余线条，结果如图 12-24 右图所示。

6. 沿-30° 方向复制线框 *H*，复制距离 12，再使用 LINE 命令连线 *I*、*J* 等，如图 12-25 左图所示，修剪及删除多余线条，结果如图 12-25 右图所示。

图12-24　绘制线框及画平行线　　　　　　　　　　图12-25　复制对象、连线及修剪多余线条

【练习12-9】：绘制如图 12-26 所示的轴测图。

图12-26　绘制轴测图

1. 创建新图形文件。

2. 激活轴测投影模式，再打开极轴追踪、对象捕捉及自动追踪功能，指定极轴追踪角度增量为"30"，对象捕捉方式为"端点"和"交点"，沿所有极轴角进行自动追踪。

3. 切换到右轴测面，使用 LINE 命令绘制线框 *A*，如图 12-27 所示。

4. 沿 150° 方向复制线框 A，复制距离 34，再使用 LINE 命令连线 B、C 等，如图 12-28 左图所示，修剪及删除多余线条，结果如图 12-28 右图所示。

图12-27　绘制线框 A　　　　　　　　　　图12-28　复制对象及连线

5. 切换到顶轴测面，绘制椭圆 D，并将其沿-90° 方向复制，复制距离为 4，如图 12-29 左图所示，修剪多余线条，结果如图 12-29 右图所示。

6. 绘制图形 E，如图 12-30 左图所示，沿-30° 方向复制图形 E，复制距离为 6，再使用 LINE 命令连线 F、G，修剪及删除多余线条，结果如图 12-30 右图所示。

图12-29　绘制椭圆及修剪多余线条　　　　図12-30　复制对象、连线及修剪多余线条

7. 使用 COPY 命令形成平行线 J、K 等，如图 12-31 左图所示，延伸及修剪多余线条，结果如图 12-31 右图所示。

8. 切换到右轴测面，绘制 4 个椭圆，如图 12-32 左图所示，修剪多余线条，结果如图 12-32 右图所示。

图12-31　绘制平行线及修剪对象　　　　　图12-32　绘制椭圆及修剪多余线条

9. 沿 150° 方向复制线框 L，复制距离为 6，如图 12-33 左图所示，修剪及删除多余线条，结果如图 12-33 右图所示。

图12-33　复制对象及修剪线条

241

12.6　习题

1.　使用 LINE、COPY 和 TEIM 命令绘制如图 12-34 所示的轴测图。

图12-34　使用 LINE、COPY 命令画轴测图（1）

2.　使用 LINE、COPY 和 TEIM 命令绘制如图 12-35 所示的轴测图。

图12-35　使用 LINE、COPY 命令画轴测图（2）

3.　绘制如图 12-36 所示的轴测图。

图12-36　绘制圆、圆弧等的轴测投影（1）

4. 绘制如图 12-37 所示的轴测图。

图12-37　绘制圆、圆弧等的轴测投影（2）

第13章　打印图形

【学习目标】
- 输出图形的完整过程。
- 选择打印设备，对当前打印设备的设置进行简单修改。
- 选择图纸幅面和设定打印区域。
- 调整打印方向、位置和设定打印比例。
- 将小幅面图纸组合成大幅面图纸进行打印。

13.1　打印图形的过程

在模型空间中将工程图样布置在标准幅面的图框内，再标注尺寸及书写文字后，就可以输出图形了，输出图形的主要过程如下。

(1) 指定打印设备，可以是 Windows 系统打印机或是在 AutoCAD 中安装的打印机。

(2) 选择图纸幅面及打印份数。

(3) 设定要输出的内容。例如，可指定将某一矩形区域的内容输出，或是将包围所有图形的最大矩形区域输出。

(4) 调整图形在图纸上的位置及方向。

(5) 选择打印样式，详见 13.2.2 小节。若不指定打印样式，则按对象原有属性进行打印。

(6) 设定打印比例。

(7) 预览打印效果。

【练习13-1】：从模型空间打印图形。

1. 打开附盘文件 "dwg\第 13 章\13-1.dwg"。

2. 选择菜单命令【文件】/【绘图仪管理器】，打开【Plotters】窗口，利用该窗口的"添加绘图仪向导"配置一台绘图仪 "DesignJet 450C C4716A"。

3. 选择菜单命令【文件】/【打印】，打开【打印】对话框，如图 13-1 所示，在该对话框中完成以下设置。

图13-1　【打印】对话框

(1) 在【打印机/绘图仪】分组框的【名称（M）】下拉列表中选择打印设备 "DesignJet 450C C4716A"。

(2) 在【图纸尺寸】下拉列表中选择 A2 幅面图纸。

(3) 在【打印份数】分组框的文本框中输入打印份数。

(4) 在【打印范围】下拉列表中选择【范围】选项。

(5) 在【打印比例】分组框中设置打印比例为 1:5。

(6) 在【打印偏移】分组框中指定打印原点为（80,40）。

(7) 在【图形方向】分组框中设定图形打印方向为"横向"。

(8) 在【打印样式表】分组框的下拉列表中选择打印样式"monochrome.ctb"（将所有颜色打印为黑色）。

4. 单击 预览(P)... 按钮，预览打印效果，如图 13-2 所示。若满意，单击 按钮开始打印；否则，按 Esc 键返回【打印】对话框，重新设定打印参数。

图13-2 打印预览

13.2 设置打印参数

在 AutoCAD 中，用户可使用内部打印机或 Windows 系统打印机输出图形，并能方便地修改打印机设置及其他打印参数。选择菜单命令【文件】/【打印】，AutoCAD 打开【打印】对话框，如图 13-3 所示。在该对话框中可配置打印设备及选择打印样式，还能设定图纸幅面、打印比例及打印区域等参数，下面介绍该对话框的主要功能。

图13-3 【打印】对话框

13.2.1 选择打印设备

在【打印机/绘图仪】的【名称】下拉列表中，用户可选择 Windows 系统打印机或 AutoCAD 内部打印机（".pc3"文件）作为输出设备。请注意，这两种打印机名称前的图标是不一样的。当用户选定某种打印机后，【名称】下拉列表下面将显示被选中设备的名称、连接端口以及其他有关打印机的注释信息。

如果用户想修改当前打印机设置，可单击 特性(R)... 按钮，打开【绘图仪配置编辑器】对话框，如图 13-4 所示。在该对话框中用户可以重新设定打印机端口及其他输出设置，如打印介质、图形、物理笔配置、自定义特性、校准及自定义图纸尺寸等。

【绘图仪配置编辑器】对话框包含【常规】、【端口】和【设备和文档设置】3 个选项卡，各选项卡功能如下。

- 【常规】：该选项卡包含了打印机配置文件
  （".pc3" 文件）的基本信息，如配置文件
  名称、驱动程序信息和打印机端口等，用户
  可在此选项卡的【说明】区域中加入其他注
  释信息。

- 【端口】：通过此选项卡用户可修改打印机
  与计算机的连接设置，如选定打印端口、指
  定打印到文件和后台打印等。

- 【设备和文档设置】：在该选项卡中用户可
  以指定图纸来源、尺寸和类型，并能修改颜
  色深度及打印分辨率等。

图13-4　【绘图仪配置编辑器】对话框

13.2.2　使用打印样式

在【打印】对话框【打印样式表（笔指定）】分组框的【名称】下拉列表中选择打印样式，
如图 13-5 所示。打印样式是对象的一种特性，如同颜色和线型一样。它用于修改打印图形的
外观，若为某个对象选择了一种打印样式，则输出图形后，对象的外观由样式决定。
AutoCAD 提供了几百种打印样式，并将其组合成一系列打印样式表。

图13-5　使用打印样式

打印样式表有以下两种类型。

- 颜色相关打印样式表：颜色相关打印样式表以 ".ctb" 为文件扩展名保存。该
  表以对象颜色为基础，共包含 255 种打印样式，每种 ACI 颜色对应一个打印
  样式，样式名分别为 "颜色 1"、"颜色 2" 等。用户不能添加或删除颜色相关
  打印样式，也不能改变它们的名称。若当前图形文件与颜色相关打印样式表相
  连，则系统自动根据对象的颜色分配打印样式。用户不能选择其他打印样式，
  但可以对已分配的样式进行修改。

- 命名相关打印样式表：命名相关打印样式表以 ".stb" 为文件扩展名保存。该
  表包括一系列已命名的打印样式，可修改打印样式的设置及其名称，还可添加
  新的样式。若当前图形文件与命名相关打印样式表相连，则用户可以不考虑对
  象颜色，直接给对象指定样式表中的任意一种打印样式。

在【名称】下拉列表中包含了当前图形中所有打印样式表，用户可选择其中之一。若要
修改打印样式，就单击此下拉列表右边的 按钮，打开【打印样式表编辑器】对话框，利
用该对话框可查看或改变当前打印样式表中的参数。

> **要点提示**　选择菜单命令【文件】/【打印样式管理器】，打开 "plot styles" 文件夹。该文件夹中包含打
> 印样式文件及创建新打印样式快捷方式，单击此快捷方式就能创建新打印样式。

AutoCAD 新建的图形处于"颜色相关"模式或"命名相关"模式下，这和创建图形时选择的样板文件有关。若是采用无样板方式新建图形，则可事先设定新图形的打印样式模式。发出 OPTIONS 命令，系统打开【选项】对话框，进入【打印和发布】选项卡，再单击 打印样式表设置(S)... 按钮，打开【打印样式表设置】对话框，如图 13-6 所示，通过该对话框设置新图形的默认打印样式模式。

图13-6　【打印样式表设置】对话框

13.2.3　选择图纸幅面

在【打印】对话框的【图纸尺寸】下拉列表中指定图纸大小，如图 13-7 所示，【图纸尺寸】下拉列表中包含了选定打印设备可用的标准图纸尺寸。当选择某种幅面图纸时，该列表右上角出现所选图纸及实际打印范围的预览图像（打印范围用阴影表示出来，可在【打印区域】分组框中设定）。将鼠标指针移到图像上面，在鼠标指针位置处就显示出精确的图纸尺寸及图纸上可打印区域的尺寸。

图13-7　【图纸尺寸】下拉列表

除了从【图纸尺寸】下拉列表中选择标准图纸外，用户也可以创建自定义的图纸。此时，用户需修改所选打印设备的配置。

【练习13-2】：创建自定义图纸。

1. 在【打印】对话框的【打印机/绘图仪】分组框中单击 特性(R)... 按钮，打开【绘图仪配置编辑器】对话框，在【设备和文档设置】选项卡中选择【自定义图纸尺寸】选项，如图 13-8 所示。

2. 单击 添加(A)... 按钮，打开【自定义图纸尺寸】对话框，如图 13-9 所示。

3. 不断单击 下一步(N)> 按钮，并根据 AutoCAD 的提示设置图纸参数，最后单击 完成(F) 按钮结束。

图13-8　【绘图仪配置编辑器】对话框

图13-9　【自定义图纸尺寸】对话框

4. 返回【打印】对话框，AutoCAD 将在【图纸尺寸】下拉列表中显示自定义图纸尺寸。

13.2.4 设定打印区域

在【打印】对话框的【打印区域】分组框中设置要输出
的图形范围，如图 13-10 所示。

该分组框中的【打印范围】下拉列表中包含 4 个选项，
下面利用图 13-11 所示图样讲解它们的功能。

图13-10 【打印区域】分组框中的选项

图13-11 设置打印区域

要点提示 在【草图设置】对话框中关闭选项"显示超出界线的栅格"，才出现图 13-11 所示的栅格。

- 【图形界限】：从模型空间打印时，【打印范围】下拉列表将列出【图形界限】选项。选取该选项，系统就把设定的图形界限范围（用 LIMITS 命令设置图形界限）打印在图纸上，结果如图 13-12 所示。从图纸空间打印时，【打印范围】下拉列表将列出【布局】选项。选取该选项，系统将打印虚拟图纸中可打印区域内的所有内容。

- 【范围】：打印图样中所有图形对象，结果如图 13-13 所示。

图13-12 【图形界限】选项

图13-13 【范围】选项

- 【显示】：打印整个图形窗口，打印结果如图 13-14 所示。

图13-14 【显示】选项

- 【窗口】：打印用户自己设定的区域。选择此选项后，系统提示指定打印区域的两个角点，同时在【打印】对话框中显示 [窗口(O)<] 按钮，单击此按钮，可重新设定打印区域。

13.2.5 设定打印比例

在【打印】对话框的【打印比例】分组框中设置出图比例，如图 13-15 所示。绘制阶段用户根据实物按 1:1 比例绘图，出图阶段需依据图纸尺寸确定打印比例，该比例是图纸尺寸单位与图形单位的比值。当测量单位是毫米，打印比例设定为 1:2 时，表示图纸上的 1mm 代表两个图形单位。

【比例】下拉列表包含了一系列标准缩放比例值。此外，还有【自定义】选项，该选项使用户可以自己指定打印比例。

图13-15 【打印比例】中的选项

从模型空间打印时，【打印比例】的默认设置是【布满图纸】。此时，系统将缩放图形以充满所选定的图纸。

13.2.6 设定着色打印

"着色打印"用于指定着色图及渲染图的打印方式，并可设定它们的分辨率。在【打印】对话框的【着色视口选项】分组框中设置着色打印方式，如图 13-16 所示。

【着色视口选项】分组框中包含以下 3 个选项。

(1) 【着色打印】下拉列表中的常用选项。

- 【按显示】：按对象在屏幕上的显示进行打印。
- 【线框】：按线框方式打印对象，不考虑其在屏幕上的显示情况。

图13-16 设定着色打印

- 【消隐】：打印对象时消除隐藏线，不考虑其在屏幕上的显示情况。
- 【三维隐藏】：按"三维隐藏"视觉样式打印对象，不考虑其在屏幕上的显示方式。
- 【三维线框】：按"三维线框"视觉样式打印对象，不考虑其在屏幕上的显示方式。
- 【概念】：按"概念"视觉样式打印对象，不考虑其在屏幕上的显示方式。

- 【真实】: 按"真实"视觉样式打印对象, 不考虑其在屏幕上的显示方式。
- 【渲染】: 按渲染方式打印对象, 不考虑其在屏幕上的显示方式。

(2) 【质量】下拉列表。

- 【草稿】: 将渲染及着色图按线框方式打印。
- 【预览】: 将渲染及着色图的打印分辨率设置为当前设备分辨率的四分之一, DPI 的最大值为"150"。
- 【常规】: 将渲染及着色图的打印分辨率设置为当前设备分辨率的二分之一, DPI 的最大值为"300"。
- 【演示】: 将渲染及着色图的打印分辨率设置为当前设备的分辨率, DPI 的最大值为"600"。
- 【最大】: 将渲染及着色图的打印分辨率设置为当前设备的分辨率。
- 【自定义】: 将渲染及着色图的打印分辨率设置为【DPI】文本框中用户指定的分辨率, 最大可为当前设备的分辨率。

(3) DPI。

设定打印图像时每英寸的点数, 最大值为当前打印设备分辨率的最大值。只有在【质量】下拉列表中选择了【自定义】选项后, 此选项才可用。

13.2.7 调整图形打印方向和位置

图形在图纸上的打印方向通过【图形方向】分组框中的选项调整, 如图 13-17 所示。该分组框包含一个图标, 此图标表明图纸的放置方向, 图标中的字母代表图形在图纸上的打印方向。

【图形方向】包含以下 3 个选项。

- 【纵向】: 图形在图纸上的放置方向是水平的。
- 【横向】: 图形在图纸上的放置方向是竖直的。
- 【上下颠倒打印】: 使图形颠倒打印, 此选项可与【纵向】和【横向】结合使用。

图形在图纸上的打印位置由【打印偏移】确定, 如图 13-18 所示。默认情况下, AutoCAD 从图纸左下角打印图形。打印原点处在图纸左下角位置, 坐标是 (0,0), 用户可在【打印偏移】分组框中设定新的打印原点, 这样图形在图纸上将沿 x 轴和 y 轴移动。

图13-17 【图形方向】分组框中的选项

图13-18 【打印偏移】分组框中的选项

该分组框包含以下 3 个选项。

- 【居中打印】: 在图纸正中间打印图形 (自动计算 x 方向和 y 方向的偏移值)。
- 【X】: 指定打印原点在 x 方向的偏移值。
- 【Y】: 指定打印原点在 y 方向的偏移值。

> **要点提示** 如果用户不能确定打印机如何确定原点, 可试着改变一下打印原点的位置并预览打印结果, 然后根据图形的移动距离推测原点位置。

13.2.8　预览打印效果

打印参数设置完成后，用户可通过打印预览观察图形的打印效果，如果不合适可重新调整，以免浪费图纸。

单击【打印】对话框下面的 预览(P)... 按钮，AutoCAD 显示实际的打印效果。由于系统要重新生成图形，因此对于复杂图形需花费较多时间。

预览时，鼠标指针变成 "$\mathbb{Q}^+$"，可以进行实时缩放操作。查看完毕后，按 Esc 或 Enter 键返回【打印】对话框。

13.2.9　保存打印设置

用户选择打印设备并设置打印参数后（图纸幅面、比例和方向等），可以将所有这些保存在页面设置中，方便以后使用。

在【打印】对话框【页面设置】分组框的【名称】下拉列表中显示了所有已命名的页面设置。若要保存当前页面设置就单击该下拉列表右边的 添加(.)... 按钮，打开【添加页面设置】对话框，如图 13-19 所示。在该对话框的【新页面设置名】文本框中输入页面名称，然后单击 确定(0) 按钮，存储页面设置。

用户也可以从其他图形中输入已定义的页面设置。在【页面设置】分组框的【名称】下拉列表中选取【输入】选项，打开【从文件选择页面设置】对话框，选择并打开所需的图形文件，打开【输入页面设置】对话框，如图 13-20 所示。该对话框显示图形文件中包含的页面设置，选择其中之一，单击 确定(0) 按钮完成。

图13-20　【输入页面设置】对话框

图13-19　【添加页面设置】对话框

13.3　打印图形实例

前面几节介绍了许多有关打印方面的知识，下面通过一个实例演示打印图形的全过程。

【练习13-3】：打印图形。

1. 打开附盘文件 "dwg\第 13 章\13-3.dwg"。
2. 选择菜单命令【文件】/【打印】，打开【打印】对话框，如图 13-21 所示。
3. 如果想使用以前创建的页面设置，就在【页面设置】分组框的【名称】下拉列表中选择，或从其他文件中输入。
4. 在【打印机/绘图仪】分组框的【名称】下拉列表中指定打印设备。若要修改打印机特性，可单击下拉列表右边的 [特性(R)...] 按钮，打开【绘图仪配置编辑器】对话框，通过该对话框用户可修改打印机端口和介质类型，还可自定义图纸大小。

5. 在【打印份数】分组框的文本框中输入打印份数。

6. 如果要将图形输出到文件，则应在【打印机/绘图仪】分组框中选择【打印到文件】选项。此后，当用户单击【打印】对话框中的 [确定(O)] 按钮时，AutoCAD 就打开【浏览打印文件】对话框，通过此对话框指定输出文件名称及地址。

7. 继续在【打印】对话框中作以下设置。

(1) 在【图纸尺寸】下拉列表中选择 A3 图纸。

(2) 在【打印范围】下拉列表中选择【范围】选项。

(3) 设定打印比例 1:1.5。

(4) 设定图形打印方向为【横向】。

(5) 指定打印原点为（50,60）。

(6) 在【打印样式表】分组框的下拉列表中选择打印样式 "monochrome.ctb"（将所有颜色打印为黑色）。

8. 单击 [预览(P)...] 按钮，预览打印效果，如图 13-22 所示。若满意，按 [Esc] 键返回【打印】对话框，再单击 [确定(O)] 按钮开始打印。

图13-21　【打印】对话框

图13-22　预览打印效果

13.4　将多张图纸布置在一起打印

为了节省图纸，用户常常需要将几个图样布置在一起打印，具体方法如下。

【练习13-4】：附盘文件 "dwg\第 13 章\13-4-A.dwg" 和 "13-4-B.dwg" 都采用 A2 幅面图纸，绘图比例分别为 "1:3" 和 "1:4"，现将它们布置在一起输出到 A1 幅面的图纸上。

1. 创建一个新文件。

2. 选择菜单命令【插入】/【DWG 参照】，打开【选择参照文件】对话框，找到图形文件 "13-4-A.dwg"。单击 [打开(O)] 按钮，打开【外部参照】对话框，利用该对话框插入图形文件，插入时的缩放比例为 1:1。

3. 用 SCALE 命令缩放图形，缩放比例为 1:3（图样的绘图比例）。

4. 用与第 2 步和第 3 步相同的方法插入文件 "13-4-B.dwg"，插入时的缩放比例为 1:1。插入图样后，用 SCALE 命令缩放图形，缩放比例为 1:4。

5. 用 MOVE 命令调整图样位置，让其组成 A1 幅面图纸，如图 13-23 所示。

6. 选择菜单命令【文件】/【打印】，打开【打印】对话框，如图 13-24 所示，在该对话框中作以下设置。

图13-23 组成 A1 幅面图纸 · · · 图13-24 【打印】对话框

(1) 在【打印机/绘图仪】分组框的【名称（M）】下拉列表中选择打印设备"DesignJet 450C C4716A"。

(2) 在【图纸尺寸】下拉列表中选择 A1 幅面图纸。

(3) 在【打印样式表】分组框的下拉列表中选择打印样式 "monochrome.ctb"（将所有颜色打印为黑色）。

(4) 在【打印范围】下拉列表中选取【范围】选项。

(5) 在【打印比例】分组框中选取【布满图纸】复选项。

(6) 在【图形方向】分组框中选取【纵向】单选项。

7. 单击 预览(P)... 按钮，预览打印效果，如图 13-25 所示。若满意，单击 按钮开始打印。

图13-25 打印预览

13.5 思考题

1. 打印图形时，一般应设置哪些打印参数？如何设置？

2. 打印图形的主要过程是什么？

3. 当设置完打印参数后，应如何保存以便再次使用？

4. 从模型空间出图时，怎样将不同绘图比例的图纸放在一起打印？

5. 打印样式有哪两种类型？它们的作用是什么？

第14章　三维建模

【学习目标】
- 观察三维模型。
- 创建长方体、球体及圆柱体等基本立体。
- 拉伸或旋转二维对象形成三维实体及曲面。
- 通过扫掠及放样形成三维实体或曲面。
- 使用用户坐标系。
- 利用布尔运算构建复杂模型。

14.1　三维建模空间

　　创建三维模型时可切换至 AutoCAD 三维工作空间。单击状态栏上的 ⚙ 按钮，弹出快捷菜单，选择【三维建模】选项，就切换至该空间。默认情况下，三维建模空间包含【建模】面板、【实体编辑】面板、【视图】面板及工具选项板等，如图 14-1 所示，这些面板及工具选项板的功能如下。

图14-1　三维建模空间

- 【建模】面板：包含创建基本立体、回转体及其他曲面立体的命令按钮。
- 【实体编辑】面板：利用该面板中的命令按钮可对实体表面进行拉伸、旋转等操作。

- 【视图】面板：通过该面板中的命令按钮可设定观察模型的方向，形成不同的模型视图。
- 工具选项板：包含二维绘图及编辑命令，还提供了各类材质样例。

14.2　观察三维模型

三维建模过程中，常需要从不同方向观察模型。AutoCAD 提供了多种观察模型的方法，以下介绍几种常用的方法。

14.2.1　用标准视点观察模型

任何三维模型都可以从任意一个方向观察。进入三维建模空间，该空间【常用】选项卡中【视图】面板上的【视图控制】下拉列表提供了 10 种标准视点，如图 14-2 所示。通过这些视点就能获得 3D 对象的 10 种视图，如前视图、后视图、左视图及东南轴测图等。

图14-2　标准视点

【练习14-1】：　利用标准视点观察图 14-3 所示的三维模型。

1. 打开附盘文件 "dwg\第 14 章\14-1.dwg"，如图 14-3 所示。

2. 进入三维建模空间，选择【视图控制】下拉列表中的【前视】选项，然后发出消隐命令 HIDE，结果如图 14-4 所示，此图是三维模型的前视图。

图14-3　利用标准视点观察模型

图14-4　前视图

3. 选择【视图控制】下拉列表的【左视】选项，然后发出消隐命令 HIDE，结果如图 14-5 所示，此图是三维模型的左视图。

4. 选择【视图控制】下拉列表的【东南等轴测】选项，然后发出消隐命令 HIDE，结果如图 14-6 所示，此图是三维模型的东南轴测视图。

图14-5　左视图

图14-6　东南轴测视图

14.2.2　三维动态旋转

单击【视图】选项卡中【导航】面板上的 按钮，启动三维动态旋转命令（3DFORBIT），用户可通过单击并拖动鼠标的方法来改变观察方向，从而非常方便地获得不同方向的 3D 视图。使用此命令时，可以选择观察全部的对象或是模型中的一部分对象，AutoCAD 围绕待观察的对象形成一个辅助圆，该圆被 4 个小圆分成 4 等份，如图 14-7 所示。辅助圆的圆心是观察目标点，当用户按住鼠标左键并拖动时，待观察的对象的观察目标点静止不动，而视点绕着 3D 对象旋转，显示结果是视图在不断地转动。

图14-7　三维动态旋转

当用户想观察整个模型的部分对象时，应先选择这些对象，然后启动 3DFORBIT 命令。此时，仅所选对象显示在屏幕上。若其没有处在动态观察器的大圆内，就单击鼠标右键，选取【范围缩放】选项。

3DFORBIT 命令启动后，AutoCAD 窗口中就出现一个大圆和 4 个均布的小圆，如图 14-7 所示。当鼠标指针移至圆的不同位置时，其形状将发生变化，不同形状的鼠标指针表明了当前视图的旋转方向。

一、　球形指针 ⊕

鼠标指针位于辅助圆内时，就变为这种形状，此时可假想一个球体将目标对象包裹起来。按住鼠标左键并拖动指针，就使球体沿鼠标指针拖动的方向旋转，因而模型视图也就旋转起来。

二、　圆形指针 ⊙

移动鼠标指针到辅助圆外，鼠标指针就变为这种形状，按住鼠标左键并将指针沿辅助圆拖动，就使 3D 视图旋转，旋转轴垂直于屏幕并通过辅助圆心。

三、　水平椭圆形指针 ⊕

当把鼠标指针移动到左、右小圆的位置时，其形状就变为水平椭圆，按住并拖动鼠标就使视图绕着一个铅垂轴线转动，此旋转轴线经过辅助圆心。

四、　竖直椭圆形指针 ⊕

将鼠标指针移动到上、下两个小圆的位置时，鼠标指针就变为该形状。单击并拖动鼠标将使视图绕着一个水平轴线转动，此旋转轴线经过辅助圆心。

当 3DFORBIT 命令激活时，单击鼠标右键，弹出快捷菜单，如图 14-8 所示。

图14-8　快捷菜单

此菜单中常用选项的功能如下。

- 【其他导航模式】：对三维视图执行平移和缩放等操作。
- 【缩放窗口】：用矩形窗口选择要缩放的区域。
- 【范围缩放】：将所有 3D 对象构成的视图缩放到图形窗口的大小。

- 【缩放上一个】：动态旋转模型后再回到旋转前的状态。
- 【平行模式】：激活平行投影模式。
- 【透视模式】：激活透视投影模式，透视图与眼睛观察到的图像极为接近。
- 【重置视图】：将当前的视图恢复到激活 3DORBIT 命令时的视图。
- 【预设视图】：该选项提供了常用的标准视图，如前视图、左视图等。
- 【视觉样式】：提供了以下的模型显示方式。
  ◇ 【三维隐藏】：用三维线框表示模型并隐藏不可见线条。
  ◇ 【三维线框】：用直线和曲线表示模型。
  ◇ 【概念】：着色对象，效果缺乏真实感，但可以清晰地显示模型细节。
  ◇ 【真实】：对模型表面进行着色，显示已附着于对象的材质。

14.2.3　视觉样式

视觉样式用于改变模型在视口中的显示外观，它是一组控制模型显示方式的设置，这些设置包括面设置、环境设置及边设置等。面设置控制视口中面的外观，环境设置控制阴影和背景，边设置控制如何显示边。当选中一种视觉样式时，AutoCAD 在视口中按样式规定的形式显示模型。

AutoCAD 提供了以下 5 种默认视觉样式，可在【视图】面板的【视觉样式】下拉列表中进行选择，如图 14-9 所示。

- 二维线框：以线框形式显示对象，光栅图像、线型及线宽均可见，如图 14-10 所示。
- 三维线框：以线框形式显示对象，同时显示着色的 UCS 图标，光栅图像、线型及线宽可见，参见图 14-10。
- 三维隐藏：以线框形式显示对象并隐藏不可见线条，光栅图像及线宽可见，线型不可见，参见图 14-10。
- 概念：对模型表面进行着色，着色时采用从冷色到暖色的过渡而不是从深色到浅色的过渡。效果缺乏真实感，但可以很清晰地显示模型细节，参见图 14-10。
- 真实：对模型表面进行着色，显示已附着于对象的材质。光栅图象、线型及线宽均可见，参见图 14-10。

二维线框　　三维隐藏　　三维线框

概念　　真实

图14-9　【视觉样式】下拉列表

图14-10　视觉样式

14.2.4　快速建立平面视图

PLAN 命令可以生成坐标系的 *xy* 平面视图，即视点位于坐标系的 *z* 轴上，该命令在三维建模过程中是非常有用的。例如，当用户想在 3D 空间的某个平面上绘图时，可先以该平面为 *xy* 坐标面创建新坐标系，然后用 PLAN 命令使坐标系的 *xy* 平面视图显示在屏幕上，这样在三维空间的某一平面上绘图就如同绘制一般的二维图一样。

【练习14-2】：　在下面的练习中，用 PLAN 命令建立 3D 对象的平面视图。

1.　打开附盘文件"dwg\第 14 章\14-2.dwg"。
2.　利用 UCS 命令建立用户坐标系，关于此命令的用法详见 14.3 节。

> 命令: ucs　　　　　　　　　　　　//键入 UCS 命令
> 指定 UCS 的原点或 [面(F)/命名(NA)/对象(OB)/上一个(P)/视图(V)/世界(W)/X/Y/Z/Z
> 轴(ZA)] <世界>:　　　　　　　　//捕捉端点 *A*，如图 14-11 所示
> 指定 X 轴上的点或 <接受>:　　　//捕捉端点 *B*
> 指定 XY 平面上的点或 <接受>:　//捕捉端点 *C*

结果如图 14-11 所示。

3.　创建平面视图。

> 命令: plan　　　　　　　　　　　　//键入 PLAN 命令
> 输入选项 [当前 UCS(C)/UCS(U)/世界(W)] <当前 UCS>:　//按 Enter 键

结果如图 14-12 所示。

图14-11　建立用户坐标系

图14-12　显示用户坐标平面

14.3　用户坐标系

默认情况下，AutoCAD 坐标系统是世界坐标系，该坐标系是一个固定坐标系。用户也可在三维空间中建立自己的坐标系（UCS），该坐标系是一个可变动的坐标系，坐标轴正向按右手螺旋法则确定。三维绘图时，UCS 坐标系特别有用，因为用户可以在任意位置、沿任意方向建立 UCS，从而使得三维绘图变得更加容易。

在 AutoCAD 中，多数 2D 命令只能在当前坐标系的 *xy* 平面或与 *xy* 平面平行的平面内执行。若用户想在 3D 空间的某一平面内使用 2D 命令，则应在此平面位置创建新的 UCS。

【练习14-3】： 在三维空间中创建坐标系。

1.　打开附盘文件 "dwg\第 14 章\14-3.dwg"。

2.　改变坐标原点。输入 UCS 命令，AutoCAD 提示如下。

　　　　　命令：ucs

　　　　　指定 UCS 的原点或 [面(F)/命名(NA)/对象(OB)/上一个(P)/视图(V)/世界(W)/X/Y/Z/Z

　　轴(ZA)] <世界>：　　　　　　　　　//捕捉 A 点，如图 14-13 所示

　　　　　指定 X 轴上的点或 <接受>：　　//按 Enter 键

　　结果如图 14-13 所示。

3.　将 UCS 坐标系绕 x 轴旋转90°。

　　　　　命令：UCS

　　　　　指定 UCS 的原点或 [面(F)/命名(NA)/对象(OB)/上一个(P)/视图(V)/世界(W)/X/Y/Z/Z

　　轴(ZA)] <世界>：x　　　　　　　//使用 "X" 选项

　　　　　指定绕 X 轴的旋转角度 <90>：90　//输入旋转角度

　　结果如图 14-14 所示。

4.　利用 3 点定义新坐标系。

　　　　　命令：UCS

　　　　　指定 UCS 的原点或 [面(F)/命名(NA)/对象(OB)/上一个(P)/视图(V)/世界(W)/X/Y/Z/Z

　　轴(ZA)] <世界>：end 于　　　　　//捕捉 B 点，如图 14-15 所示

　　　　　在正 X 轴范围上指定点：end 于　//捕捉 C 点

　　　　　在 UCS XY 平面的正 Y 轴范围上指定点：end 于　//捕捉 D 点

结果如图 14-15 所示。

图14-13　改变坐标原点

图14-14　将坐标系绕 x 轴旋转

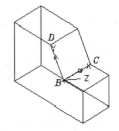
图14-15　利用 3 点定义坐标系

　　除用 UCS 命令改变坐标系外，也可打开动态 UCS 功能，使 UCS 坐标系的 *xy* 平面在绘图过程中自动与某一平面对齐。按 F6 键或按下状态栏中的 ⊾ 按钮，就打开动态 UCS 功能。启动二维或三维绘图命令，将鼠标指针移动到要绘图的实体面，该实体面加亮显示，表明坐标系的 *xy* 平面临时与实体面对齐，绘制的对象将处于此面内。绘图完成后，UCS 坐标系又返回原来的状态。

14.4　创建三维基本立体

　　AutoCAD 能生成长方体、球体、圆柱体、圆锥体、楔形体及圆环体等基本立体。【建模】面板中包含了创建这些立体的命令按钮，表 14-1 列出了这些按钮的功能及操作时要输入的主要参数。

表 14-1　　　　　　　　　　　　创建基本立体的命令按钮

按钮	功能	输入参数
长方体	创建长方体	指定长方体的一个角点，再输入另一角点的相对坐标
球体	创建球体	指定球心，输入球半径
圆柱体	创建圆柱体	指定圆柱体底面的中心点，输入圆柱体半径及高度
圆锥体	创建圆锥体或圆锥台	指定圆锥体底面的中心点，输入锥体底面半径及锥体高度 指定圆锥台底面的中心点，输入锥台底面半径、顶面半径及锥台高度
楔体	创建楔形体	指定楔形体的一个角点，再输入另一对角点的相对坐标
圆环体	创建圆环	指定圆环中心点，输入圆环体半径及圆管半径
棱锥体	创建棱锥体或棱锥台	指定棱锥体底面边数及中心点，输入锥体底面半径及锥体高度 指定棱锥台底面边数及中心点，输入棱锥台底面半径、顶面半径及棱锥台高度

　　　创建长方体或其他基本立体时，也可通过单击一点设定参数的方式进行绘制。当 AutoCAD 提示输入相关数据时，用户移动鼠标指针到适当位置，然后单击一点，在此过程中，立体的外观将显示出来，便于用户初步确定立体形状。绘制完成后，可用 PROPERTIES 命令显示立体尺寸，并可对其修改。

【练习14-4】：　创建长方体及圆柱体。

1. 进入三维建模工作空间。打开【视图】面板上的【视图控制】下拉列表，选择【东南等轴测】选项，切换到东南等轴测视图，再通过【视图】选项卡中【导航】面板上的【视觉样式】下拉列表设定当前模型显示方式为"二维线框"。

2. 单击【建模】面板上的 长方体 按钮，AutoCAD 提示如下。

　　　命令: _box
　　　指定第一个角点或 [中心(C)]:　　　　　　//指定长方体角点 A，如图 14-16 所示
　　　指定其他角点或 [立方体(C)/长度(L)]: @100,200,300
　　　　　　　　　　　　　　　　　　//输入另一角点 B 的相对坐标，如图 14-16 所示

3. 单击【建模】面板上的 圆柱体 按钮，AutoCAD 提示如下。

　　　命令: _cylinder
　　　指定底面的中心点或 [三点(3P)/两点(2P)/相切、相切、半径(T)/椭圆(E)]:
　　　　　　　　　　　　　　　　　　//指定圆柱体底圆中心，如图 14-16 所示
　　　指定底面半径或 [直径(D)] <80.0000>: 80　　　　//输入圆柱体半径
　　　指定高度或 [两点(2P)/轴端点(A)] <300.0000>: 300　　//输入圆柱体高度
　　结果如图 14-16 所示。

4. 改变实体表面网格线的密度。

　　　命令: isolines
　　　输入 ISOLINES 的新值 <4>: 40　　　　//设置实体表面网格线的数量
　　选择菜单命令【视图】/【重生成】，重新生成模型，实体表面网格线变得更加密集。

5. 控制实体消隐后表面网格线的密度。

　　　命令: facetres

输入 FACETRES 的新值 <0.5000>: 5　//设置实体消隐后的网格线密度

启动 HIDE 命令，结果如图 14-16 所示。

图14-16　创建长方体及圆柱体

14.5　多段体

使用 POLYSOLID 命令可以像绘制连续折线或画多段线一样创建实体，该实体称为多段体。它看起来是由矩形薄板及圆弧形薄板组成，板的高度和厚度可以设定。此外，还可利用该命令将已有的直线、圆弧及二维多段线等对象创建成多段体。

【练习14-5】：　练习 POLYSOLID 命令。

1. 打开附盘文件 "dwg\第 14 章\14-5.dwg"。
2. 将坐标系绕 x 轴旋转 90°，打开极轴追踪、对象捕捉及自动追踪功能，用 POLYSOLID 命令创建实体。

　　　　单击【建模】面板上的 多段体 按钮，启动创建多段体命令。

　　　　命令：_Polysolid 指定起点或 [对象(O)/高度(H)/宽度(W)/对正(J)] <对象>: h
　　　　　　　　　　　　　　　　　　　　　　　　//使用"高度(H)"选项

　　　　指定高度 <260.0000>: 260　　　　　　　　　//输入多段体的高度

　　　　指定起点或 [对象(O)/高度(H)/宽度(W)/对正(J)] <对象>: w　//使用"宽度(W)"选项

　　　　指定宽度 <30.0000>: 30　　　　　　　　　//输入多段体的宽度

　　　　指定起点或 [对象(O)/高度(H)/宽度(W)/对正(J)] <对象>: j　//使用"对正(J)"选项

　　　　输入对正方式 [左对正(L)/居中(C)/右对正(R)] <居中>: c　//使用"居中(C)"选项

　　　　指定起点或 [对象(O)/高度(H)/宽度(W)/对正(J)] <对象>: mid 于
　　　　　　　　　　　　　　　　　　　　//捕捉中点 A，如图 14-17 所示

　　　　指定下一个点或 [圆弧(A)/放弃(U)]: 100　//向下追踪并输入追踪距离

　　　　指定下一个点或 [圆弧(A)/放弃(U)]: a　//切换到圆弧模式

　　　　指定圆弧的端点或 [闭合(C)/方向(D)/直线(L)/第二个点(S)/放弃(U)]: 220
　　　　　　　　　　　　　　//沿 x 轴方向追踪并输入追踪距离

　　　　指定圆弧的端点或 [闭合(C)/方向(D)/直线(L)/第二个点(S)/放弃(U)]: l
　　　　　　　　　　　　　　//切换到直线模式

　　　　指定下一个点或 [圆弧(A)/闭合(C)/放弃(U)]: 150
　　　　　　　　　　　　　　//向上追踪并输入追踪距离

　　　　指定下一个点或 [圆弧(A)/闭合(C)/放弃(U)]:　//按 Enter 键结束

结果如图 14-17 所示。

图14-17

POLYSOLID 命令有以下几个选项。

- 对象：将直线、圆弧、圆及二维多段线转化为实体。
- 高度：设定实体沿当前坐标系 z 轴的高度。
- 宽度：指定实体宽度。
- 对正：设定指针在实体宽度方向的位置。该选项包含"圆弧"子选项，可用于创建圆弧形多段体。

14.6　将二维对象拉伸成实体或曲面

EXTRUDE 命令可以拉伸二维对象生成 3D 实体或曲面，若拉伸闭合对象，则生成实体，否则生成曲面。操作时，可指定拉伸高度值及拉伸对象的锥角，还可沿某一直线或曲线路径进行拉伸。

【**练习14-6**】：练习 EXTRUDE 命令。

1. 打开附盘文件"dwg\第 14 章\14-6.dwg"，用 EXTRUDE 命令创建实体。
2. 将图形 A 创建成面域，再用 PEDIT 命令将连续线 B 编辑成一条多段线，如图 14-18 所示。
3. 用 EXTRUDE 命令拉伸面域及多段线，形成实体和曲面。进入三维建模空间，单击【建模】面板上的↑按钮，启动 EXTRUDE 命令。

```
命令: _extrude
选择要拉伸的对象: 找到 1 个                    //选择面域
选择要拉伸的对象:                              //按 Enter 键
指定拉伸的高度或 [方向(D)/路径(P)/倾斜角(T)] <262.2213>: 260
                                              //输入拉伸高度

命令:EXTRUDE                                   //重复命令
选择要拉伸的对象: 找到 1 个                    //选择多段线
选择要拉伸的对象:                              //按 Enter 键
指定拉伸的高度或 [方向(D)/路径(P)/倾斜角(T)] <260.0000>: p
                                              //使用"路径(P)"选项
选择拉伸路径或 [倾斜角]:                       //选择样条曲线 C
```

结果如图 14-18 右图所示。

图14-18 拉伸面域及多段线

> **要点提示** 系统变量 SURFU 和 SURFV 控制曲面上素线的密度。选中曲面，启动 PROPERTIES 命令，该命令将列出这两个系统变量的值，修改它们，曲面上素线的数量就发生变化。

EXTRUDE 命令各选项的功能如下。

- 指定拉伸的高度：如果输入正的拉伸高度，则使对象沿 z 轴正向拉伸；若输入负值，则 AutoCAD 沿 z 轴负向拉伸；当对象不在坐标系 xy 平面内时，将沿该对象所在平面的法线方向拉伸对象。
- 方向：指定两点，两点的连线表明了拉伸方向和距离。
- 路径：沿指定路径拉伸对象形成实体或曲面。拉伸时，路径被移动到轮廓的形心位置。路径不能与拉伸对象在同一个平面内，也不能具有较大曲率的区域，否则有可能在拉伸过程中产生自相交情况。
- 倾斜角：当 AutoCAD 提示"指定拉伸的倾斜角度<0>"时，输入正的拉伸倾斜角表示从基准对象逐渐变细地拉伸，而负角度值则表示从基准对象逐渐变粗地拉伸，如图 14-19 所示。用户要注意拉伸斜角不能太大，若拉伸实体截面在到达拉伸高度前已经变成一个点，那么 AutoCAD 将提示不能进行拉伸。

拉伸斜角为5°   拉伸斜角为-5°

图14-19 指定拉伸斜角

14.7 旋转二维对象形成实体或曲面

REVOLVE 命令可以旋转二维对象生成 3D 实体，若二维对象是闭合的，则生成实体，否则生成曲面。用户通过选择直线、指定两点或 x 轴、y 轴来确定旋转轴。

REVOLVE 命令可以旋转以下二维对象。

- 直线、圆弧和椭圆弧。
- 二维多段线和二维样条曲线。
- 面域和实体上的平面。

【练习14-7】： 练习 REVOLVE 命令。

打开附盘文件"dwg\第 14 章\14-7.dwg"，用 REVOLVE 命令创建实体。进入三维建模空间，单击【建模】面板上的 按钮，启动 REVOLVE 命令。

> 命令: _revolve
> 选择要旋转的对象: 找到 1 个 //选择要旋转的对象，该对象是面域，如图 14-20 左图所示
> 选择要旋转的对象: //按 Enter 键

指定轴起点或根据以下选项之一定义轴 [对象(O)/X/Y/Z] <对象>： //捕捉端点 A

指定轴端点： //捕捉端点 B

指定旋转角度或 [起点角度(ST)] <360>: st //使用"起点角度(ST)"选项

指定起点角度 <0.0>: -30 //输入回转起始角度

指定旋转角度 <360>: 210 //输入回转角度

再启动 HIDE 命令，结果如图 14-20 右图所示。

> **要点提示** 若拾取两点指定旋转轴，则轴的正向是从第一点指向第二点，旋转角的正方向按右手螺旋法则确定。

REVOLVE 命令各选项的功能如下。

- 对象：选择直线或实体的线性边作为旋转轴，轴的正方向是从拾取点指向最远端点。
- X/Y/Z: 使用当前坐标系的 x 轴、y 轴和 z 轴作为旋转轴。
- 起点角度：指定旋转起始位置与旋转对象所在平面的夹角，角度的正向以右手螺旋法则确定。

图14-20 旋转面域形成实体

14.8 通过扫掠创建实体或曲面

SWEEP 命令可以将平面轮廓沿二维或三维路径进行扫掠形成实体或曲面，若二维轮廓是闭合的，则生成实体，否则生成曲面。扫掠时，轮廓一般会被移动并被调整到与路径垂直的方向。默认情况下，轮廓形心将与路径起始点对齐，但也可指定轮廓的其他点作为扫掠对齐点。

【练习14-8】：练习 SWEEP 命令。

1. 打开附盘文件"dwg\第 14 章\14-8.dwg"。
2. 利用 PEDIT 命令将路径曲线 A 编辑成一条多段线。
3. 用 SWEEP 命令将面域沿路径扫掠。进入三维建模空间，单击【建模】面板上的 按钮，启动 SWEEP 命令。

命令: _sweep

选择要扫掠的对象：找到 1 个 //选择轮廓面域，如图 14-21 左图所示

选择要扫掠的对象： //按 Enter 键

选择扫掠路径或 [对齐(A)/基点(B)/比例(S)/扭曲(T)]: b //使用"基点(B)"选项

指定基点：end 于 //捕捉 B 点

选择扫掠路径或 [对齐(A)/基点(B)/比例(S)/扭曲(T)]: //选择路径曲线 A

再启动 HIDE 命令，结果如图 14-21 右图所示。

SWEEP 命令各选项的功能如下。

- 对齐：指定是否将轮廓调整到与路径垂直的方向或是保持原有方向。默认情况下，AutoCAD 将使轮廓与路径垂直。

- 基点：指定扫掠时的基点，该点将与路径起始点对齐。
- 比例：路径起始点处轮廓缩放比例为 1，路径结束处缩放比例为输入值，中间轮廓沿路径连续变化。与选择点靠近的路径端点是路径的起始点。
- 扭曲：设定轮廓沿路径扫掠时的扭转角度，角度值小于 360°。该选项包含"倾斜"子选项，可使轮廓随三维路径自然倾斜。

图14-21　将面域沿路径扫掠

14.9　通过放样创建实体或曲面

LOFT 命令可对一组平面轮廓曲线进行放样形成实体或曲面，若所有轮廓是闭合的，则生成实体，否则生成曲面，如图 14-22 所示。注意，放样时轮廓线或全部闭合或全部开放，不能使用既包含开放轮廓又包含闭合轮廓的选择集。

放样实体或曲面中间轮廓的形状可利用放样路径控制，如图 14-22 左图所示。放样路径始于第一个轮廓所在的平面，终于最后一个轮廓所在的平面。导向曲线是另一种控制放样形状的方法，将轮廓上对应的点通过导向曲线连接起来，使轮廓按预定方式进行变化，如图 14-22 右图所示。轮廓的导向曲线可以有多条，每条导向曲线必须与各轮廓相交，始于第一个轮廓，止于最后一个轮廓。

图14-22　通过放样创建实体或曲面

【练习14-9】：练习 LOFT 命令。

1. 打开附盘文件"dwg\第 14 章\14-9.dwg"。
2. 利用 PEDIT 命令将线条 A、D、E 编辑成多段线，如图 14-23 所示。使用该命令时，应先将 UCS 的 xy 平面与连续线所在的平面对齐。
3. 用 LOFT 命令在轮廓 B、C 间放样，路径曲线是 A。进入三维建模空间，单击【建模】面板上的 按钮，启动 LOFT 命令。

```
命令: _loft
按放样次序选择横截面:总计 2 个              //选择轮廓 B、C，如图 14-23 所示
按放样次序选择横截面:                        //按 Enter 键
输入选项 [导向(G)/路径(P)/仅横截面(C)] <仅横截面>: P
```

//使用"路径(P)"选项

选择路径曲线: //选择路径曲线 A

结果如图 14-23 右图所示。

4. 用 LOFT 命令在轮廓 F、G、H、I、J 间放样，导向曲线是 D、E。

命令: _loft

按放样次序选择横截面:总计 5 个 //选择轮廓 F、G、H、I、J

按放样次序选择横截面: //按 Enter 键

输入选项 [导向(G)/路径(P)/仅横截面(C)] <仅横截面>: G

//使用"导向(G)"选项

选择导向曲线: 总计 2 个 //选择导向曲线 D、E

选择导向曲线: //按 Enter 键

结果如图 14-23 右图所示。

图14-23 利用放样生成实体

LOFT 命令常用选项的功能如下。

- 导向：利用连接各个轮廓的导向曲线控制放样实体或曲面的截面形状。
- 路径：指定放样实体或曲面的路径，路径要与各个轮廓截面相交。

14.10 利用平面或曲面切割实体

SLICE 命令可以根据平面或曲面切开实体模型，被剖切的实体可保留一半或两半都保留，保留部分将保持原实体的图层和颜色特性。剖切方法是先定义切割平面，然后选定需要保留的部分。用户可通过 3 点来定义切割平面，也可指定当前坐标系的 *xy* 平面、*yz* 平面、*zx* 平面作为切割平面。

【练习14-10】： 练习 SLICE 命令。

打开附盘文件 "dwg\第 14 章\14-10.dwg"，用 SLICE 命令切割实体。进入三维建模空间，单击【实体编辑】面板上的 按钮，启动 SLICE 命令。

命令: _slice

选择要剖切的对象: 找到 1 个 //选择实体，如图 14-24 左图所示

选择要剖切的对象: //按 Enter 键

指定切面的起点或 [平面对象(O)/曲面(S)/Z 轴(Z)/视图(V)/XY/YZ/ZX/三点(3)] <三点>:

//按 Enter 键，利用 3 点定义剖切平面

指定平面上的第一个点: end 于 //捕捉端点 A

指定平面上的第二个点：mid 于　　　　　　　　　　　　　　//捕捉中点 *B*

指定平面上的第三个点：mid 于　　　　　　　　　　　　　　//捕捉中点 *C*

在所需的侧面上指定点或 [保留两个侧面(B)] <保留两个侧面>://在要保留的一侧单击一点

命令:SLICE　　　　　　　　　　　　　　　　　　　　　　//重复命令

选择要剖切的对象：找到 1 个　　　　　　　　　　　　　　//选择实体

选择要剖切的对象：　　　　　　　　　　　　　　　　　　//按 Enter 键

指定 切面 的起点或 [平面对象(O)/曲面(S)/Z 轴(Z)/视图(V)/XY/YZ/ZX/三点(3)] <三

点>: s　　　　　　　　　　　　　　　　　　　　　　　//使用 "曲面(S)" 选项

选择曲面：　　　　　　　　　　　　　　　　　　　　　　//选择曲面

选择要保留的实体或 [保留两个侧面(B)] <保留两个侧面>：　//在要保留的一侧单击一点

结果如图 14-24 右图所示。

SLICE 命令常用选项的功能如下。

- 平面对象：用圆、椭圆、圆弧或椭圆弧、二维样条曲线或二维多段线等对象所在平面作为剖切平面。
- 曲面：指定曲面作为剖切面。
- Z 轴：通过指定剖切平面的法线方向来确定剖切平面。
- 视图：剖切平面与当前视图平面平行。
- XY、YZ、ZX：用坐标平面 *xoy*、*yoz* 和 *zox* 剖切实体。

图14-24　切割实体

14.11　创建平面

使用 PLANESURF 命令可以创建矩形平面或是将闭合线框、面域等对象转化为平面。操作时，可一次选取多个对象。

单击【建模】面板上的 平面曲面 按钮，启动 PLANESURF 命令，AutoCAD 提示 "指定第一个角点或 [对象(O)]<对象>"。可采取以下方式相应提示。

- 指定矩形的对角点创建矩形平面。
- 使用 "对象(O)" 选项，选择构成封闭区域的一个或多个对象生成平面。

14.12　加厚曲面形成实体

THICKEN 命令可以加厚任何类型曲面形成实体。

选择【修改】/【三维操作】/【加厚】，启动 THICKEN 命令，选择要加厚的曲面，再输入厚度值，曲面就转化为实体。

14.13　螺旋线及弹簧

HELIX 命令可创建螺旋线，该线可用作扫掠路径及拉伸路径。用 SWEEP 命令将圆沿螺旋线扫掠即可创建出弹簧的实体模型。

【练习14-11】： 练习 HELIX 命令。

1. 打开附盘文件 "dwg\第 14 章\14-11.dwg"。

2. 用 HELIX 命令绘制螺旋线。进入三维建模空间，单击【绘图】面板上的 ⊞ 按钮，启动 HELIX 命令。

命令: _Helix

指定底面的中心点：   //指定螺旋线底面中心点

指定底面半径或 [直径(D)] <40.0000>: 40   //输入螺旋线半径值

指定顶面半径或 [直径(D)] <40.0000>:   //按 Enter 键

指定螺旋高度或 [轴端点(A)/圈数(T)/圈高(H)/扭曲(W)] <100.0000>: h

                  //使用"圈高(H)"选项

指定圈间距 <20.0000>: 20   //输入螺距

指定螺旋高度或 [轴端点(A)/圈数(T)/圈高(H)/扭曲(W)] <100.0000>: 100

                  //输入螺旋线高度

结果如图 14-25 左图所示。

3. 用 SWEEP 命令将圆沿螺旋线扫掠形成弹簧，再启动 HIDE 命令，结果如图 14-25 右图所示。

HELIX 命令各选项的功能如下。

- 轴端点(A)：指定螺旋轴端点的位置。螺旋轴的长度及方向表明了螺旋线的高度及倾斜方向。
- 圈数(T)：输入螺旋线的圈数，数值小于 500。
- 圈高(H)：输入螺旋线螺距。
- 扭曲(W)：按顺时针或逆时针方向绘制螺旋线，以第 2 种方式绘制的螺旋线是右旋的。

图14-25　创建弹簧

14.14　与实体显示有关的系统变量

与实体显示有关的系统变量有 3 个，即 ISOLINES、FACETRES 和 DISPSILH，分别介绍如下。

- ISOLINES：此变量用于设定实体表面网格线的数量，如图 14-26 所示。
- FACETRES：用于设置实体消隐或渲染后的表面网格密度。此变量值的范围为 0.01~10.0，值越大表明网格越密，消隐或渲染后表面越光滑，如图 14-27 所示。
- DISPSILH：用于控制消隐时是否显示出实体表面网格线。若此变量值为 0，则显示网格线；为 1 时，不显示网格线，如图 14-28 所示。

ISOLINES=10   ISOLINES=30   FACETRES=1.0   FACETRES=10.0   DISPSILH=0   DISPSILH=1

图14-26　ISOLINES 变量   图14-27　FACETRES 变量   图14-28　DISPSILH 变量

14.15　利用布尔运算构建复杂实体模型

前面读者已经学习了如何生成基本三维实体及由二维对象转换得到三维实体，将这些简单实体放在一起，然后进行布尔运算就能构建复杂的三维模型。

布尔运算包括并集、差集和交集。

(1)　并集操作：UNION 命令将两个或多个实体合并在一起形成新的单一实体。操作对象既可以是相交的，也可以是分离开的。

【练习14-12】：　并集操作。

1. 打开附盘文件"dwg\第 14 章\14-12.dwg"，用 UNION 命令进行并运算。

2. 进入三维建模空间，单击【实体编辑】面板上的 ⬭ 按钮或输入 UNION 命令，AutoCAD 提示如下。

```
命令: _union
选择对象: 找到 2 个            //选择圆柱体及长方体，如图 14-29 左图所示
选择对象:                     //按 Enter 键
```

结果如图 14-29 右图所示。

图14-29　并集操作

(2)　差集操作：SUBTRACT 命令将实体构成的一个选择集从另一选择集中减去。操作时，首先选择被减对象，构成第一选择集，然后选择要减去的对象，构成第二选择集，操作结果是第一选择集减去第二选择集后形成的新对象。

【练习14-13】：　差集操作。

1. 打开附盘文件"dwg\第 14 章\14-13.dwg"，用 SUBTRACT 命令进行差运算。

2. 进入三维建模空间，单击【实体编辑】面板上的 ⬭ 按钮或输入 SUBTRACT 命令，AutoCAD 提示如下。

```
命令: _subtract
选择对象: 找到 1 个            //选择长方体，如图 14-30 左图所示
选择对象:                     //按 Enter 键
选择对象: 找到 1 个            //选择圆柱体
选择对象:                     //按 Enter 键
```

结果如图 14-30 右图所示。

(3)　交集操作：INTERSECT 命令创建由两个或多个实体重叠部分构成的新实体。

【练习14-14】：　交集操作。

1. 打开附盘文件"dwg\第 14 章\14-14.dwg"，用 INTERSECT 命令进行交运算。

2. 进入三维建模空间，单击【实体编辑】面板上的 ⬭ 按钮或键入 INTERSECT 命令，

AutoCAD 提示如下：

命令：_intersect

选择对象： //选择圆柱体和长方体，如图 14-31 左图所示

选择对象： //按 Enter 键

结果如图 14-31 右图所示。

图14-30　差集操作　　　　　　　　　　　　　　　　　　　　图14-31　交集操作

【练习14-15】：　下面绘制如图 14-32 所示支撑架的实体模型，通过这个例子演示三维建模的过程。

1. 创建一个新图形。

2. 选择菜单命令【视图】/【三维视图】/【东南等轴测】，切换到东南等轴测视图。在 xy 平面绘制底板的轮廓形状，并将其创建成面域，如图 14-33 所示。

图14-32　创建实体模型　　　　　　　　　　　　　　图14-33　创建面域

3. 拉伸面域形成底板的实体模型，如图 14-34 所示。

4. 建立新的用户坐标系，在 xy 平面内绘制弯板及三角形筋板的二维轮廓，并将其创建成面域，如图 14-35 所示。

5. 拉伸面域 A 和 B，形成弯板及筋板的实体模型，如图 14-36 所示。

图14-34　拉伸面域　　　　　　　图14-35　新建坐标系及创建面域　　　　　　　图14-36　拉伸面域

6. 用 MOVE 命令将弯板及筋板移动到正确的位置，如图 14-37 所示。

7. 建立新的用户坐标系，如图 14-38 左图所示，再绘制两个圆柱体，如图 14-38 右图所示。

8. 合并底板、弯板、筋板及大圆柱体，使其成为单一实体，然后从该实体中去除小圆柱体，结果如图 14-39 所示。

图14-37 移动对象　　　　图14-38 新建用户坐标系　　　　图14-39 执行布尔运算

14.16 实体建模综合练习

【练习14-16】：绘制如图 14-40 所示立体的实体模型，主要作图步骤如图 14-41 所示。

图14-40 创建实体模型（1）

图14-41 主要作图步骤（1）

【练习14-17】： 绘制如图 14-42 所示立体的实体模型，主要作图步骤如图 14-43 所示。

图14-42　创建实体模型（2）

图14-43　主要作图步骤（2）

14.17　习题

1. 绘制如图 14-44 所示平面立体的实心体模型。

图14-44　创建实体模型（1）

2. 绘制如图 14-45 所示曲面立体的实心体模型。

3. 绘制如图 14-46 所示立体的实心体模型。

图14-45　创建实体模型（2）

图14-46　创建实体模型（3）

4.　绘制如图 14-47 所示立体的实心体模型。

5.　绘制如图 14-48 所示立体的实心体模型。

图14-47　创建实体模型（4）

图14-48　创建实体模型（5）

第15章 编辑三维建模

【学习目标】
- 移动、旋转、缩放、阵列及镜像三维对象。
- 在三维空间对齐对象。
- 拉伸、移动及旋转实体表面。
- 将二维对象压印在实体表面。
- 创建薄壳三维实体。

15.1 显示及操作小控件

　　小控件是能指示方向的三维图标，可帮助用户移动、旋转和缩放三维对象和子对象。实体的面、边及顶点等对象为子对象，按 Ctrl 键可选择这些对象。

　　控件分为 3 类，分别为移动控件、旋转控件及缩放控件，每种控件都包含坐标轴及控件中心（原点处），如图 15-1 所示。默认情况下，选择具有三维视觉样式的对象或子对象时，在选择集的中心位置会出现移动小控件。

三维移动小控件　　三维旋转小控件　　三维缩放小控件

图15-1　3 种小控件

　　对小控件可做以下操作。

　　(1) 改变控件位置。单击小控件的中心框可以把控件中心移到其他位置。鼠标右键单击控件，弹出快捷菜单，如图 15-2 所示，利用以下两个选项也可改变控件位置。

- 重新定位小控件：控件中心随鼠标指针移动，单击一点指定控件位置。
- 将小控件对齐到：将控件坐标轴与世界坐标系、用户坐标系或实体表面对齐。

图15-2　小控件的快捷菜单

（2）　调整控件轴的方向。鼠标右键单击控件，选择"自定义小控件"选项，然后拾取 3 个点指定控件 *x* 轴方向及 *xy* 平面位置即可。

（3）　切换小控件。鼠标右键单击控件，利用快捷菜单上的"移动"、"旋转"及"缩放"选项切换控件。

15.2　利用小控件编辑模式移动、旋转及缩放对象

显示小控件并调整其位置后，就可激活控件编辑模式编辑对象。

（1）　激活控件编辑模式。将鼠标指针悬停在小控件的坐标轴或回转圆上直至其变为黄色，单击鼠标左键确认，就激活控件编辑模式，如图 15-3 所示。其次，鼠标右键单击控件，利用快捷菜单的"设置约束"选项指定移动方向、缩放方向或旋转轴等，也可激活控件编辑模式，如图 15-3 所示。

当控件编辑模式激活后，连续按空格键或 Enter 键可在移动、旋转及缩放模式间切换。单击鼠标右键，弹出快捷菜单，利用菜单相应选项也可切换编辑模式，还能改变控件位置。

控件编辑模式与对应的关键点编辑模式功能相同。对于每种编辑模式，AutoCAD 的提示信息都包括"基点(B)"及"复制(C)"等选项。

图15-3　激活控件编辑模式

（2）　移动对象。激活移动模式后，物体的移动方向被约束到与控件坐标轴的方向一致。移动鼠标指针，物体随之移动，输入移动距离，按 Enter 键结束；输入负的数值，移动方向则相反。

操作过程中，单击鼠标右键，利用快捷菜单的"设置约束"选项可指定其他坐标方向作为移动方向。

将鼠标指针悬停在控件的坐标轴间的矩形边上直至矩形变为黄色，单击鼠标左键确认，物体的移动方向被约束在矩形平面内，如图 15-4 所示。以坐标方式输入移动距离及方向，按 Enter 键结束。

图15-4　移动编辑模式

(3) 旋转对象。激活旋转模式的同时将出现以圆为回转方向的回转轴，物体将绕此轴旋转。移动鼠标指针，物体随之转动，输入旋转角度值，按 Enter 键结束；输入负的数值，旋转方向则相反。

操作过程中，单击鼠标右键，利用快捷菜单的"设置约束"选项可指定其他坐标轴作为旋转轴。

若想以任意一轴为旋转轴，可利用鼠标右键菜单的"自定义小控件"选项创建新控件，使新控件的 x 轴与指定的旋转轴重合，如图 15-5 所示。

图15-5　旋转对象

(4) 缩放对象。利用控件缩放模式，可以分别沿 1 个、2 个或 3 个坐标轴方向进行缩放。

可用以下方式激活控件缩放模式。

- 指定缩放轴：这种方法前面已有介绍。
- 指定缩放平面：将鼠标指针悬停在坐标轴间的两条平行线内，直至平行线内的区域变为黄色，单击鼠标左键确认，如图 15-6 左图所示。
- 沿 3 个坐标轴方向缩放对象：将鼠标指针悬停在控件中心框附近，直至该区域变为黄色，单击鼠标左键确认，如图 15-6 中图所示。
- 鼠标右键单击控件，利用快捷菜单的"设置约束"选项，激活控件缩放模式，如图 15-6 右图所示。

图15-6　缩放对象

激活控件缩放模式后，输入缩放比例值，按 Enter 键结束。操作过程中，单击鼠标右键，利用快捷菜单的"设置约束"选项可指定其他方向作为缩放方向。

15.3　3D 移动

可以使用 MOVE 命令在三维空间中移动对象，操作方式与在二维空间时一样，只不过当通过输入距离来移动对象时，必须输入沿 x 轴、y 轴和 z 轴的距离值。

AutoCAD 提供了专门用来在三维空间中移动对象的命令 3DMOVE，该命令还能移动实

体的面、边及顶点等子对象（按住 Ctrl 键可选择子对象）。3DMOVE 命令的操作方式与
MOVE 命令类似，但前者使用起来更形象、直观。

【练习15-1】：练习 3DMOVE 命令。

1. 打开附盘文件"dwg\第 15 章\15-1.dwg"。

2. 进入三维建模空间，单击【修改】面板上的 ⊕ 按钮，启动 3DMOVE 命令，将对象 A 由
   基点 B 移动到第 2 点 C，再通过输入距离的方式移动对象 D，移动距离为"40,－50"结
   果如图 15-7 所示。

3. 重复命令，选择对象 E，按 Enter 键，AutoCAD 显示移动控件，该控件 3 个轴的方向
   与当前坐标轴的方向一致，如图 15-8 左图所示。

4. 将鼠标指针悬停在小控件的 y 轴上直至其变为黄色并显示出移动辅助线，单击鼠标左键
   确认，物体的移动方向被约束到与轴的方向一致。

5. 若将鼠标指针移动到两轴间的矩形边处，直至矩形变成黄色，则表明移动被限制在矩
   形所在的平面内。

6. 向左下方移动鼠标指针，物体随之移动，输入移动距离 50，结果如图 15-8 右图所示，
   也可通过单击一点移动对象。

图15-7　移动对象　　　　　　　　　　　图15-8　移动对象 E

若想沿任一方向移动对象，可按以下方式操作。

1. 将模型的显示方式切换为三维线框模式，启动 3DMOVE 命令，选择对象，AutoCAD
   显示移动控件。

2. 调整控件的位置，使控件的 x 轴与移动方向重合。

3. 激活控件移动模式，移动模型。

15.4　3D 旋转

使用 ROTATE 命令仅能使对象在 xy 平面内旋转，即旋转轴只能是 z 轴。3DROTATE 命
令是 ROTATE 的 3D 版本，该命令能使对象绕 3D 空间中任意轴旋转。此外，3DROTATE 命
令还能旋转实体的表面（按住 Ctrl 键选择实体表面）。

【练习15-2】：练习 3DROTATE 命令。

1. 打开附盘文件"dwg\第 15 章\15-2.dwg"。

2. 进入三维建模空间，单击【修改】面板上的 ⊕ 按钮，启动 3DROTATE 命令，选择要旋
   转的对象，按 Enter 键，AutoCAD 显示旋转控件，如图 15-9 左图所示，该控件包含表
   示旋转方向的 3 个辅助圆。

3. 移动鼠标指针到 A 点处，并捕捉该点，旋转控件就被放置在此点，如图 15-9 左图所示。

4. 将鼠标指针移动到圆 B 处，停住鼠标指针直至圆变为黄色，同时出现以圆为回转方向

的回转轴，单击鼠标左键确认。回转轴与世界坐标系的坐标轴是平行的，且轴的正方向与坐标轴正向一致。

5. 输入回转角度值"-90°"，结果如图 15-9 右图所示。角度正方向按右手螺旋法则确定，也可单击一点指定回转起点，然后单击一点指定回转终点。

图15-9 旋转对象

若想以任一方向为旋转轴，可按以下方式操作。

1. 将模型的显示方式切换为三维线框模式，启动 3DROTATE 命令，选择对象，AutoCAD 显示旋转控件。
2. 调整控件的位置，使控件的 x 轴与旋转轴重合。
3. 激活控件旋转模式，旋转模型。

15.5 3D 缩放

二维对象缩放命令 SCALE 也可缩放三维对象，但只能进行整体缩放。3DSCALE（⚒）命令是 SCALE 的 3D 版本，对于三维网格模型及其子对象，该命令可以分别沿 1 个、2 个或 3 个坐标轴方向进行缩放；对于三维实体模型及其子对象，则只能整体缩放。

【练习15-3】：练习 3DSCALE 命令。

1. 打开附盘文件"dwg\第 15 章\15-3.dwg"。
2. 进入三维建模空间，单击【修改】面板上的⚒按钮，启动 3DSCALE 命令，按住 Ctrl 键选择实体表面 A，按 Enter 键，AutoCAD 显示缩放控件。
3. 移动鼠标指针到 B 点处，并捕捉该点，缩放控件就被放置在此点，如图 15-10 左图所示。
4. 将鼠标指针悬停在控件中心框附近，直至该区域变为黄色，单击左键确认。输入缩放比例值 0.5，按 Enter 键结束，结果如图 15-10 右图所示。

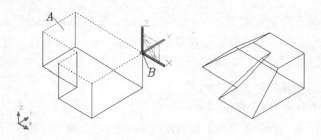

图15-10 缩放对象

3DSCALE 命令还有另一种操作方式，即启动命令并选择对象后，AutoCAD 显示缩放小控件，激活控件编辑模式缩放对象。

15.6　3D 阵列

3DARRAY 命令是二维 ARRAY 命令的 3D 版本。通过这个命令，用户可以在三维空间中创建对象的矩形或环形阵列。

【练习15-4】：练习 3DARRAY 命令。

打开附盘文件"dwg\第 15 章\15-4.dwg"，用 3DARRAY 命令创建矩形及环形阵列。进入三维建模空间，单击【修改】面板上的 按钮，启动 3DARRAY 命令。

```
命令：_3darray
选择对象：找到 1 个                 //选择要阵列的对象，如图 15-11 所示
选择对象：                         //按 Enter 键
输入阵列类型 [矩形(R)/环形(P)] <矩形>：//指定矩形阵列
输入行数 (---) <1>：2              //输入行数，行的方向平行于 x 轴
输入列数 (||||) <1>：3             //输入列数，列的方向平行于 y 轴
输入层数 (...) <1>：3              //指定层数，层数表示沿 z 轴方向的分布数目
指定行间距 (---)：50               //输入行间距，如果输入负值，阵列方向将沿 x 轴反方向
指定列间距 (||||)：80              //输入列间距，如果输入负值，阵列方向将沿 y 轴反方向
指定层间距 (...)：120              //输入层间距，如果输入负值，阵列方向将沿 z 轴反方向
```

启动 HIDE 命令，结果如图 15-11 所示。

如果选择"环形(P)"选项，就能建立环形阵列，AutoCAD 提示如下。

```
输入阵列中的项目数目：6             //输入环形阵列的数目
指定要填充的角度 (+=逆时针，-=顺时针) <360>://按 Enter 键
//输入环行阵列的角度值，可以输入正值或负值，角度正方向由右手螺旋法则确定
旋转阵列对象？[是(Y)/否(N)]<是>：   //按 Enter 键，则阵列的同时还旋转对象
指定阵列的中心点：                 //指定旋转轴的第一点 A，如图 15-12 所示
指定旋转轴上的第二点：             //指定旋转轴的第二点 B
```

启动 HIDE 命令，结果如图 15-12 所示。

图15-11　三维阵列

图15-12　环形阵列

环形阵列时，旋转轴的正方向是从第一个指定点指向第二个指定点，沿该方向伸出大拇指，则其他 4 个手指的弯曲方向就是旋转角的正方向。

15.7　3D 镜像

如果镜像线是当前坐标系 *xy* 平面内的直线，则使用常见的 MIRROR 命令就可对 3D 对象进行镜像复制。但若想以某个平面作为镜像平面来创建 3D 对象的镜像复制，就必须使用 MIRROR3D 命令。如图 15-13 所示，把 *A*、*B*、*C* 点定义的平面作为镜像平面，对实体进行镜像。

图15-13　三维镜像

【练习15-5】：练习 MIRROR3D 命令。

打开附盘文件 "dwg\第 15 章\15-5.dwg"，用 MIRROR3D 命令创建对象的三维镜像。

进入三维建模空间，单击【修改】面板上的 ✄ 按钮，启动 MIRROR3D 命令。

```
命令：_mirror3d
选择对象：找到 1 个                              //选择要镜像的对象
选择对象：                                       //按 [Enter] 键
```

指定镜像平面 (三点) 的第一个点或[对象(O)/最近的(L)/Z 轴(Z)/视图(V)/XY 平面(XY)/YZ 平面(YZ)/ZX 平面(ZX)/三点(3)]<三点>：

　　　　　　　　　　　//利用 3 点指定镜像平面，捕捉第 1 点 *A*，如图 15-13 所示

```
在镜像平面上指定第二点：                         //捕捉第 2 点 B
在镜像平面上指定第三点：                         //捕捉第 3 点 C
是否删除源对象？[是(Y)/否(N)] <否>：             //按 [Enter] 键不删除源对象
```

结果如图 15-13 右图所示。

MIRROR3D 命令有以下选项，利用这些选项就可以在三维空间中定义镜像平面。

- 对象：以圆、圆弧、椭圆及 2D 多段线等二维对象所在的平面作为镜像平面。
- 最近的：该选项指定上一次 MIRROR3D 命令使用的镜像平面作为当前镜像面。
- Z 轴：用户在三维空间中指定两个点，镜像平面将垂直于两点的连线，并通过第 1 个选取点。
- 视图：镜像平面平行于当前视区，并通过用户的拾取点。
- XY 平面/YZ 平面/ZX 平面：镜像平面平行于 *xy* 平面、*yz* 平面或 *zx* 平面，并通过用户的拾取点。

15.8　3D 对齐

3DALIGN 命令在 3D 建模中非常有用，通过这个命令，用户可以指定源对象与目标对象的对齐点，从而使源对象的位置与目标对象的位置对齐。例如，用户利用 3DALIGN 命令

让对象 *M*（源对象）的某一平面上的 3 点与对象 *N*（目标对象）的某一平面上的 3 点对齐，操作完成后，*M*、*N* 两对象将组合在一起，如图 15-14 所示。

图15-14　三维对齐

【练习15-6】：练习 3DALIGN 命令。

打开附盘文件 "dwg\第 15 章\15-6.dwg"，用 3DALIGN 命令对齐 3D 对象。进入三维建模空间，单击【修改】面板上的 按钮，启动 3DALIGN 命令。

命令: _3dalign	
选择对象: 找到 1 个	//选择要对齐的对象
选择对象:	//按 Enter 键
指定基点或 [复制(C)]:	//捕捉源对象上的第 1 点 *A*，如图 15-14 左图所示
指定第二个点或 [继续(C)] <C>:	//捕捉源对象上的第 2 点 *B*
指定第三个点或 [继续(C)] <C>:	//捕捉源对象上的第 3 点 *C*
指定第一个目标点:	//捕捉目标对象上的第 1 点 *D*
指定第二个目标点或 [退出(X)] <X>:	//捕捉目标对象上的第 2 点 *E*
指定第三个目标点或 [退出(X)] <X>:	//捕捉目标对象上的第 3 点 *F*

结果如图 15-14 右图所示。

使用 3DALIGN 命令时，用户不必指定所有的 3 对对齐点。以下说明提供不同数量的对齐点时，AutoCAD 如何移动源对象。

- 如果仅指定一对对齐点，AutoCAD 就把源对象由第 1 个源点移动到第 1 个目标点处。
- 若指定两对对齐点，则 AutoCAD 移动源对象后，将使两个源点的连线与两个目标点的连线重合，并让第 1 个源点与第 1 个目标点也重合。
- 如果用户指定 3 点对齐点，那么命令结束后，3 个源点定义的平面将与 3 个目标点定义的平面重合在一起。选择的第 1 个源点要移动到第 1 个目标点的位置，前两个源点的连线与前两个目标点的连线重合。第 3 个目标点的选取顺序若与第 3 个源点的选取顺序一致，则两个对象平行对齐，否则是相对对齐。

15.9　3D 倒圆角及斜角

FILLET 和 CHAMFER 命令可以对二维对象倒圆角及斜角，它们的用法已在第 2 章中叙述过。对于三维实体，同样可用这两个命令创建圆角和斜角，但此时的操作方式与二维绘图时略有不同。

【练习15-7】：在 3D 空间使用 FILLET 和 CHAMFER 命令。

打开附盘文件 "dwg\第 15 章\15-7.dwg"，用 FILLET 和 CHAMFER 命令给 3D 对象倒圆角及斜角。

命令：_fillet

选择第一个对象或 [放弃(U)/多段线(P)/半径(R)/修剪(T)/多个(M)]：

//选择棱边 *A*，如图 15-15 所示

输入圆角半径 <10.0000>: 15   //输入圆角半径

选择边或 [链(C)/半径(R)]：   //选择棱边 *B*

选择边或 [链(C)/半径(R)]：   //选择棱边 *C*

选择边或 [链(C)/半径(R)]：   //按 Enter 键结束

命令：_chamfer

选择第一条直线或 [放弃(U)/多段线(P)/距离(D)/角度(A)/修剪(T)/ 方式(E)/多个(M)]：

//选择棱边 *E*，如图 15-15 所示

基面选择...   //平面 *D* 高亮显示，该面是倒角基面

输入曲面选择选项 [下一个(N)/当前(OK)] <当前>：   //按 Enter 键

指定基面的倒角距离 <15.0000>: 10   //输入基面内的倒角距离

指定其他曲面的倒角距离 <10.0000>: 30   //输入另一平面内的倒角距离

选择边或[环(L)]：   //选择棱边 *E*

选择边或[环(L)]：   //选择棱边 *F*

选择边或[环(L)]：   //选择棱边 *G*

选择边或[环(L)]：   //选择棱边 *H*

选择边或[环(L)]：   //按 Enter 键结束

结果如图 15-15 所示。

图15-15 倒圆角及斜角

15.10 编辑实体的表面

除了可对实体进行倒角、阵列、镜像及旋转等操作外，还能编辑实体模型的表面，常用的表面编辑功能主要包括拉伸面、旋转面和压印对象等。

15.10.1 拉伸面

AutoCAD 可以根据指定的距离拉伸面或将面沿某条路径进行拉伸。拉伸时，如果是输入拉伸距离值，那么还可输入锥角，这样将使拉伸所形成的实体锥化。图 15-16 所示为将实体表面按指定的距离、锥角及沿路径进行拉伸的结果。

【练习15-8】：拉伸面。

1. 打开附盘文件 "dwg\第 15 章\15-8.dwg"，利用 SOLIDEDIT 命令拉伸实体表面。

2. 进入三维建模空间，单击【实体编辑】面板上的 ![]拉伸面按钮，AutoCAD 主要提示如下。

命令: _solidedit

选择面或 [放弃(U)/删除(R)]: 找到一个面。　　　//选择实体表面 A,如图 15-16 所示

选择面或 [放弃(U)/删除(R)/全部(ALL)]:　　//按 Enter 键

指定拉伸高度或 [路径(P)]: 50　　　　　　//输入拉伸的距离

指定拉伸的倾斜角度 <0>: 5　　　　　　　//指定拉伸的锥角

结果如图 15-16 所示。

SOLIDEDIT 命令常用选项功能如下。

- 指定拉伸高度:输入拉伸距离及锥角来拉伸面。对于每个面规定其外法线方向是正方向,当输入的拉伸距离是正值时,面将沿其外法线方向拉伸,否则将向相反方向拉伸。在指定拉伸距离后,AutoCAD 会提示输入锥角,若输入正的锥角值,则将使面向实体内部锥化;反之,将使面向实体外部锥化,如图 15-17 所示。

图15-16　拉伸实体表面

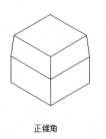

图15-17　拉伸并锥化面

- 路径(P): 沿着一条指定的路径拉伸实体表面。拉伸路径可以是直线、圆弧、多段线及 2D 样条线等,作为路径的对象不能与要拉伸的表面共面,也应避免路径曲线的某些局部区域有较高的曲率,否则,可能使新形成的实体在路径曲率较高处出现自相交的情况,从而导致拉伸失败。

> **要点提示** 可用 PEDIT 命令的 "合并(J)" 选项将当前坐标系 xy 平面内的连续几段线条连接成多段线,这样就可以将其定义为拉伸路径了。

15.10.2 移动面

可以通过移动面来修改实体的尺寸或改变某些特征,如孔、槽等的位置。如图 15-18 所示,将实体的顶面 A 向上移动,并把孔 B 移动到新的地方。用户可以通过对象捕捉或输入位移值来精确地调整面的位置,AutoCAD 在移动面的过程中将保持面的法线方向不变。

图15-18　移动面而改变实体特征

【练习15-9】: 移动面。

打开附盘文件 "dwg\第 15 章\15-8.dwg",利用 SOLIDEDIT 命令移动实体表面。

单击【实体编辑】面板上的 ![移动面] 按钮，AutoCAD 主要提示如下：

命令：_solidedit

选择面或 [放弃(U)/删除(R)]：找到一个面　　　　//选择孔的表面 B，如图 15-18 所示

选择面或 [放弃(U)/删除(R)/全部(ALL)]：　　　　//按 Enter 键

指定基点或位移：0,70,0　　　　　　　　　　　//输入沿坐标轴移动的距离

指定位移的第二点：　　　　　　　　　　　　　//按 Enter 键

结果如图 15-18 所示。

如果指定了两点，AutoCAD 就根据两点定义的矢量来确定移动的距离和方向。若在提示"指定基点或位移"时，输入一个点的坐标，当提示"指定位移的第二点"时，按 Enter 键，AutoCAD 将根据输入的坐标值把选定的面沿着面法线方向移动。

15.10.3 偏移面

对于三维实体，可通过偏移面来改变实体及孔、槽等特征的大小。进行偏移操作时，用户可以直接输入数值或拾取两点来指定偏移的距离，随后 AutoCAD 根据偏移距离沿表面的法线方向移动面。如图 15-19 所示，把顶面 A 向下偏移，再将孔的表面向外偏移。输入正的偏移距离，将使表面向其外法线方向移动；反之，被编辑的面将向相反的方向移动。

图15-19　偏移面而改变实体特征

【练习15-10】：　偏移面。

打开附盘文件 "dwg\第 15 章\15-9.dwg"，利用 SOLIDEDIT 命令偏移实体表面。

进入三维建模空间，单击【实体编辑】面板上的 ![偏移面] 按钮，AutoCAD 主要提示如下。

命令：_solidedit

选择面或 [放弃(U)/删除(R)]：找到一个面。　　　//选择圆孔表面 B，如图 15-19 所示

选择面或 [放弃(U)/删除(R)/全部(ALL)]：　　　　//按 Enter 键

指定偏移距离：-20　　　　　　　　　　　　　//输入偏移距离

结果如图 15-19 所示。

15.10.4 旋转面

通过旋转实体的表面就可改变面的倾斜角度，或将一些结构特征（如孔、槽等）旋转到新的方位。如图 15-20 所示，将 A 面的倾斜角修改为 120°，并把槽旋转 90°。

图15-20　旋转面

在旋转面时，用户可通过拾取两点、选择某条直线或设定旋转轴平行于坐标轴等方法来指定旋转轴，另外，应注意确定旋转轴的正方向。

【练习15-11】： 旋转面。

1. 打开附盘文件 "dwg\第 15 章\15-11.dwg"，利用 SOLIDEDIT 命令旋转实体表面。
2. 进入三维建模空间，单击【实体编辑】面板上的 旋转面 按钮，AutoCAD 主要提示如下。

　　　　命令：_solidedit
　　　　选择面或 [放弃(U)/删除(R)]：找到一个面。　　　　//选择表面 *A*
　　　　选择面或 [放弃(U)/删除(R)/全部(ALL)]：　　　　//按 Enter 键
　　　　指定轴点或 [经过对象的轴(A)/视图(V)/X 轴(X)/Y 轴(Y)/Z 轴(Z)] <两点>：
　　　　　　　　　　　　　　　　　　　　//捕捉旋转轴上的第 1 点 *D*，如图 15-20 所示
　　　　在旋转轴上指定第二个点：　　　　　　　　　　　//捕捉旋转轴上的第 2 点 *E*
　　　　指定旋转角度或 [参照(R)]：-30　　　　　　　　//输入旋转角度

结果如图 15-20 所示。

"旋转面"常用选项功能如下。

- 两点：指定两点来确定旋转轴，轴的正方向是由第 1 个选择点指向第 2 个选择点。
- X 轴（X）、Y 轴（Y）、Z 轴（Z）：旋转轴平行于 *x* 轴、*y* 轴或 *z* 轴，并通过拾取点，旋转轴的正方向与坐标轴的正方向一致。

15.10.5 锥化面

可以沿指定的矢量方向使实体表面产生锥度。如图 15-21 所示，选择圆柱表面 *A* 使其沿矢量 *EF* 方向锥化，结果圆柱面变为圆锥面。如果选择实体的某一平面进行锥化操作，则将使该平面倾斜一个角度，如图 15-21 所示。

图15-21　锥画面

进行面的锥化操作时，其倾斜方向由锥角的正负号及定义矢量时的基点决定。若输入正的锥度值，则将已定义的矢量绕基点向实体内部倾斜；反之，向实体外部倾斜，矢量的倾斜方式表明了被编辑表面的倾斜方式。

【练习15-12】： 锥化面。

打开附盘文件 "dwg\第 15 章\15-12.dwg"，利用 SOLIDEDIT 命令使实体表面锥化。

进入三维建模空间，单击【实体编辑】面板上的 倾斜面 按钮，AutoCAD 主要提示如下。

　　　　选择面或 [放弃(U)/删除(R)]：找到一个面。　　　　//选择圆柱面 *A*，如图 15-21 所示
　　　　选择面或 [放弃(U)/删除(R)/全部(ALL)]：找到一个面　//选择平面 *B*
　　　　选择面或 [放弃(U)/删除(R)/全部(ALL)]：　　　　//按 Enter 键
　　　　指定基点：　　　　　　　　　　　　　　　　　//捕捉端点 *E*
　　　　指定沿倾斜轴的另一个点：　　　　　　　　　　//捕捉端点 *F*
　　　　指定倾斜角度：10　　　　　　　　　　　　　//输入倾斜角度

结果如图 15-21 所示。

15.10.6 压印

压印（Imprint）可以把圆、直线、多段线、样条曲线、面域及实心体等对象压印到三维实体上，使其成为实体的一部分。用户必须使被压印的几何对象在实体表面内或与实体表面相交，压印操作才能成功。压印时，AutoCAD 将创建新的表面，该表面以被压印的几何图形及实体的棱边作为边界，用户可以对生成的新面进行拉伸和旋转等操作。如图 15-22 所示，将圆压印在实体上，并将新生成的面向上拉伸。

图15-22 压印

【练习15-13】： 压印。

1. 打开附盘文件 "dwg\第 15 章\15-13.dwg"。进入三维建模空间，单击【实体编辑】面板上的 压印 按钮，AutoCAD 主要提示如下。

选择三维实体：	//选择实体模型
选择要压印的对象：	//选择圆 A，如图 15-22 所示
是否删除源对象？ <N>: y	//删除圆 A
选择要压印的对象：	//按 Enter 键

2. 单击 拉伸面 按钮，AutoCAD 主要提示如下。

选择面或 [放弃(U)/删除(R)]：找到一个面。	//选择表面 B
选择面或 [放弃(U)/删除(R)/全部(ALL)]:	//按 Enter 键
指定拉伸高度或 [路径(P)]: 10	//输入拉伸高度
指定拉伸的倾斜角度 <0>:	//按 Enter 键

结果如图 15-22 所示。

15.10.7 抽壳

用户可以利用抽壳的方法将一个实体模型生成一个空心的薄壳体。在使用抽壳功能时，用户要先指定壳体的厚度，然后 AutoCAD 把现有的实体表面偏移指定的厚度值以形成新的表面，这样原来的实体就变为一个薄壳体。如果指定正的厚度值，AutoCAD 就在实体内部创建新面；反之，在实体的外部创建新面。另外，在抽壳操作过程中还能将实体的某些面去除，以形成开口的薄壳体，图 15-23 右图所示的就是把实体进行抽壳并去除其顶面的结果。

图15-23 抽壳

【练习15-14】： 抽壳。

1. 打开附盘文件 "dwg\第 15 章\15-13.dwg"，利用 SOLIDEDIT 命令创建一个薄壳体。

2. 进入三维建模空间，单击【实体编辑】面板上的 抽壳 按钮，AutoCAD 主要提示如下。

　　　　选择三维实体：　　　　　　　　　　　　//选择要抽壳的对象

　　　　删除面或 [放弃(U)/添加(A)/全部(ALL)]: 找到一个面，已删除 1 个

　　　　　　　　　　　　　　　　　　　　　　　//选择要删除的表面 A，如图 15-23 左图所示

　　　　删除面或 [放弃(U)/添加(A)/全部(ALL)]: //按 Enter 键

　　　　输入抽壳偏移距离: 10　　　　　　　　　//输入壳体厚度

　　结果如图 15-23 右图所示。

15.11　利用"选择并拖动"方式创建及修改实体

　　PRESSPULL 命令允许用户以"选择并拖动"的方式创建或修改实体，启动该命令后，选择一平面封闭区域，然后移动鼠标或输入距离值即可。距离值的正负号表明形成立体的不同方向。

　　PRESSPULL 命令能操作的对象如下。

- 面域、圆、椭圆及闭合多段线。
- 由直线、曲线等对象围成的闭合区域。
- 实体表面，压印操作产生的面。

【练习15-15】： PRESSPULL 命令。

1. 打开附盘文件 "dwg\第 15 章\15-15.dwg"。

2. 进入三维建模空间，单击【建模】面板上的 按住/拖动 按钮，在线框 A 的内部单击一点，如图 15-24 左图所示，输入立体高度值 700，结果如图 15-24 右图所示。

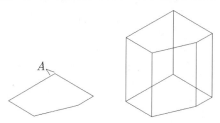

图15-24　拉伸线框（1）

3. 用 LINE 命令绘制线框 B，如图 15-25 左图所示，单击【建模】面板上的 按住/拖动 按钮，在线框 B 的内部单击一点，输入立体高度值 - 700，然后删除线框 B，结果如图 15-25 右图所示。

图15-25　拉伸线框（2）

15.12 综合练习——实体建模技巧

【练习15-16】：绘制如图 15-26 所示的三维实体模型。

图15-26 三维实体尺寸图

请读者先观看附盘上的动画文件"avi\第 15 章\15-16.avi"，然后跟随以下操作步骤练习。

1. 选取菜单命令【视图】/【三维视图】/【东南等轴测】，切换到东南轴测视图。
2. 创建新坐标系，在 xy 平面内绘制平面图形，其中连接两圆心的线条为多段线，如图 15-27 所示。
3. 拉伸两个圆形成立体 A、B，如图 15-28 所示。
4. 对立体 A、B 进行镜像操作，结果如图 15-29 所示。

图15-27 绘制多线段　　　　　　　图15-28 拉伸生成实体　　　　　　　图15-29 镜像实体

5. 创建新坐标系，在 xy 平面内绘制平面图形，并将该图形创建成面域，如图 15-30 所示。
6. 沿多段线路径拉伸面域，创建立体，结果如图 15-31 所示。
7. 创建新坐标系，在 xy 平面内绘制平面图形，并将该图形创建成面域，如图 15-32 所示。

图15-30 创建成面域　　　　　　　图15-31 沿多段线路径拉伸面域　　　　　　　图15-32 在新坐标系中绘图

8. 拉伸面域形成立体，并将该立体移动到正确的位置，如图 15-33 所示。

9. 以 *xy* 平面为镜像面镜像立体 E，结果如图 15-34 所示。

10. 将立体 E、F 绕 *x* 轴逆时针旋转 75°，再对所有立体执行"并"运算，结果如图 15-35 所示。

图15-33　拉伸面域形成立体　　　图15-34　镜像立体　　　图15-35　旋转实体后布尔运算

11. 将坐标系绕 *y* 轴旋转 90°，然后绘制圆柱体 G、H，如图 15-36 所示。

12. 将圆柱体 G、H 从模型中"减去"，结果如图 15-37 所示。

图15-36　在新坐标系中绘图　　　　　图15-37　实体的布尔运算结果

【练习15-17】：　绘制如图 15-38 所示立体的实体模型。

图15-38　立体模型图

主要作图步骤如图 15-39 所示，详细绘图过程请参见附盘上的动画文件"avi\第 15 章\15-17.avi"。

图15-39　主要建模过程

15.13　习题

1. 绘制如图 15-40 所示立体的实心体模型。

图15-40　创建实体模型（1）

2. 根据二维视图绘制实心体模型，如图 15-41 所示。

图15-41　创建实体模型（2）

3. 绘制如图 15-42 所示立体的实心体模型。

图15-42　创建实体模型（3）

第16章　AutoCAD 证书考试练习题

为满足读者朋友参加绘图员考试的需要，本章根据劳动部职业技能证书考试的要求，安排了一定数量的练习题，使读者可以在考前对所学 AutoCAD 知识进行综合演练。

【练习16-1】：绘制几何图案，如图 16-1 所示。

图16-1　绘制几何图案（1）

【练习16-2】：绘制几何图案，如图 16-2 所示，图中填充对象为 ANSI38。

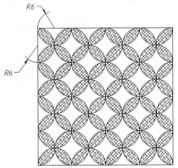

图16-2　绘制几何图案（2）

【练习16-3】：绘制几何图案，如图 16-3 所示。

图16-3　绘制几何图案（3）

【练习16-4】: 绘制几何图案, 如图 16-4 所示。

图16-4　绘制几何图案（4）

【练习16-5】: 用 LINE、CIRCLE、OFFSET 及 ARRAY 命令绘制如图 16-5 所示的图形。

图16-5　平面绘图综合练习（1）

【练习16-6】: 用 LINE、CIRCLE、OFFSET 及 MIRROR 命令绘制如图 16-6 所示的图形。

图16-6　平面绘图综合练习（2）

【练习16-7】：用 LINE、CIRCLE、OFFSET 及 ARRAY 命令绘制如图 16-7 所示的图形。

图16-7　平面绘图综合练习（3）

【练习16-8】：用 LINE、CIRCLE 及 COPY 命令绘制如图 16-8 所示的图形。

图16-8　平面绘图综合练习（4）

【练习16-9】：用 LINE、CIRCLE 及 TRIM 命令绘制如图 16-9 所示的图形。

图16-9　平面绘图综合练习（5）

【练习16-10】： 用 LINE、CIRCLE 及 TRIM 命令绘制如图 16-10 所示的图形。

图16-10 平面绘图综合练习（6）

【练习16-11】： 用 LINE、CIRCLE 及 TRIM 命令绘制如图 16-11 所示的图形。

图16-11 平面绘图综合练习（7）

【练习16-12】： 用 LINE、CIRCLE、TRIM 及 ARRAY 命令绘制如图 16-12 所示的图形。

图16-12 平面绘图综合练习（8）

【**练习16-13**】：　打开附盘文件"16-13.dwg"，如图 16-13 所示，根据主视图、俯视图画出左视图。

图16-13　补画左视图

【**练习16-14**】：　打开附盘文件"16-14.dwg"，如图 16-14 所示，根据主视图、左视图画出俯视图。

图16-14　补画俯视图（1）

【**练习16-15**】：　打开附盘文件"16-15.dwg"，如图 16-15 所示，根据主视图、左视图画出俯视图。

图16-15　补画俯视图（2）

【**练习16-16**】：　打开附盘文件"16-16.dwg"，如图 16-16 所示，根据已有视图将主视图改画成全剖视图。

图16-16   将主视图改画成全剖视图

【**练习16-17**】：打开附盘文件"16-17.dwg"，如图 16-17 所示，根据已有视图将左视图改画成全剖视图。

图16-17   将左视图改画成全剖视图

【**练习16-18**】：打开附盘文件"16-18.dwg"，如图 16-18 所示，根据已有视图将主视图改画成半剖视图。

图16-18   将主视图改画成半剖视图

【**练习16-19**】：　根据轴测图及视图轮廓绘制三视图，如图 16-19 所示。

图16-19　绘制三视图（1）

【**练习16-20**】：　根据轴测图及视图轮廓绘制三视图，如图 16-20 所示。

图16-20　绘制三视图（2）

【练习16-21】： 根据轴测图及视图轮廓绘制三视图，如图 16-21 所示。

图16-21　绘制三视图（3）

【练习16-22】： 根据轴测图及视图轮廓绘制三视图，如图 16-22 所示。

图16-22　绘制三视图（4）

【练习16-23】：　根据轴测图绘制三视图，如图 16-23 所示。

图16-23　绘制三视图（5）

【练习16-24】：　根据轴测图绘制三视图，如图 16-24 所示。

图16-24　绘制三视图（6）

【练习16-25】：　根据轴测图绘制三视图，如图 16-25 所示。

图16-25　绘制三视图（7）

【练习16-26】： 根据轴测图绘制三视图，如图 16-26 所示。

图16-26　绘制三视图（8）

【练习16-27】： 绘制联接轴套零件图，如图 16-27 所示。

图16-27　画联接套零件图

【练习16-28】： 绘制传动丝杠零件图，如图 16-28 所示。

图16-28　绘制丝杠零件图

【练习16-29】：　绘制端盖零件图，如图 16-29 所示。

图16-29　画端盖零件图

【练习16-30】：　绘制带轮零件图，如图 16-30 所示。

图16-30　画带轮零件图

【练习16-31】：　绘制支承架零件图，如图 16-31 所示。

技术要求

1. 未注铸造圆角R3-5。

2. 铸件不得有砂眼、气孔等缺陷。

3. 机加工前进行时效处理。

图16-31　画支承架零件图

【练习16-32】：　绘制拨叉零件图，如图 16-32 所示。

技术要求

1. 未注铸造圆角R3-5。

2. 铸件不能有气孔、砂眼、夹渣等缺陷。

3. 机加工前进行时效处理。

图16-32　画拨叉零件图

【练习16-33】：　绘制上箱体零件图，如图 16-33 所示。

图16-33　画箱体零件图

【练习16-34】：　绘制尾架零件图，如图 16-34 所示。

图16-34　画尾架零件图

人民邮电出版社书目（老虎工作室部分）

分类	序号	书号	书　名	定价（元）
3ds Max 8 中文版培训教程	1	16547	3ds Max 8 中文版基础培训教程（附光盘）	36.00
	2	16592	3ds Max 8 中文版动画制作培训教程（附光盘）	36.00
	3	16641	3ds Max 8 中文版效果图制作培训教程（附光盘）	35.00
AutoCAD	4	16306	AutoCAD 2006 中文版基础教程（附光盘）	39.00
	5	16882	AutoCAD 2007 中文版三维造型基础教程（附光盘）	34.00
	6	16929	AutoCAD 2007 中文版基础教程（附光盘）	45.00
	7	19101	AutoCAD 2008 中文版三维造型基础教程（附光盘）	29.00
	8	19102	AutoCAD 2008 中文版基础教程（附光盘）	39.00
	9	19502	AutoCAD 2008 中文版机械制图实例精解（附光盘）	32.00
	10	20449	AutoCAD 2009 中文版基础教程（附光盘）	42.00
	11	20462	AutoCAD 2009 中文版机械制图快速入门（附光盘）	28.00
	12	20477	AutoCAD 中文版典型机械设计图册（附光盘）	36.00
	13	20495	AutoCAD 2009 中文版建筑设备工程制图实例精解（附光盘）	32.00
	14	20539	AutoCAD 2008 中文版建筑制图实例精解（附光盘）	35.00
	15	20581	AutoCAD 2009 中文版建筑制图快速入门（附光盘）	26.00
	16	20746	AutoCAD 中文版典型建筑设计图册（附光盘）	28.00
	17	20985	AutoCAD 2009 中文版建筑电气工程制图实例精解（附光盘）	28.00
Pro/ENGINEER	18	13663	Pro/ENGINEER Wildfire 中文版基础教程（附光盘）	58.00
	19	13698	Pro/ENGINEER Wildfire 中文版典型实例（附 2 张光盘）	58.00
	20	13734	Pro/ENGINEER Wildfire 中文版模具设计与数控加工（附光盘）	58.00
	21	13760	Pro/ENGINEER Wildfire 中文版高级应用（附光盘）	68.00
	22	20563	Pro/ENGINEER Wildfire 4.0 中文版典型实例（附光盘）	49.00
	23	20597	Pro/ENGINEER Wildfire 4.0 中文版模具设计（附光盘）	49.00
	24	20615	Pro/ENGINEER Wildfire 4.0 中文版基础教程（附光盘）	52.00
	25	21084	Pro/ENGINEER Wildfire 4.0 机构运动仿真与动力分析（附光盘）	38.00
电路设计与制板	26	10745	Protel DXP 入门与提高（附光盘）	42.00
	27	11002	Protel DXP 典型实例（附光盘）	38.00
	28	16137	Protel 99SE 入门与提高（附光盘）	38.00
	29	16138	Protel 99SE 高级应用（附光盘）	38.00
	30	12083	Protel DXP 高级应用（附光盘）	52.00
	31	12679	PowerLogic 5.0 & PowerPCB 5.0 典型实例（附光盘）	32.00
	32	17752	Protel 99 入门与提高（修订版）（附光盘）	45.00
	33	11245	Protel DXP 库元器件手册	30.00
学以致用	34	15734	AutoCAD 2006 中文版基本功能与典型实例（附光盘）	48.00
	35	15735	CorelDRAW X3 中文版基本功能与典型实例（附 2 张光盘）	45.00
	36	15736	3ds Max 8 中文版基本功能与典型实例（附 2 张光盘）	42.00
	37	15737	Photoshop CS2 中文版基本功能与典型实例（附 2 张光盘）	48.00
	38	15738	Flash 8 中文版基本功能与典型实例（附光盘）	42.00
	39	15739	UG NX 4 中文版基本功能与典型实例（附光盘）	42.00
	40	15740	Pro/ENGINEER Wildfire 3.0 中文版基本功能与典型实例（附光盘）	48.00
	41	15741	Dreamweaver 8 中文版基本功能与典型实例（附光盘）	38.00
	42	17208	AutoCAD 2007 中文版基本功能与典型实例（附光盘）	49.00

	43	13697	UG NX 中文版机械设计基础教程（附光盘）	45.00
UG	44	13732	UG NX 中文版数控加工基础教程（附光盘）	30.00
	45	13733	UG NX 中文版曲面造型基础教程（附 2 张光盘）	38.00
	46	13759	UG NX 中文版模具设计基础教程（附光盘）	30.00
	47	20436	Siemens NX 6 中文版机械设计基础教程（附光盘）	45.00
	48	20506	UG NX 5 中文版曲面造型基础教程（附光盘）	39.00
从零开始系列培训教程	49	14207	CorelDRAW 12 中文版基础培训教程（附光盘）	30.00
	50	14209	AutoCAD 2006 中文版机械制图基础培训教程（附光盘）	32.00
	51	14210	Premiere Pro 基础培训教程（附光盘）	28.00
	52	14643	AutoCAD 2006 中文版建筑制图基础培训教程（附光盘）	32.00
	53	17765	Pro/ENGINEER Wildfire 3.0 中文版基础培训教程（附光盘）	39.00
	54	19369	Windows Vista 基础培训教程	25.00
	55	19375	Protel 99SE 基础培训教程（附光盘）	28.00
	56	19376	AutoCAD 2008 中文版建筑制图基础培训教程（附光盘）	28.00
	57	19380	Photoshop CS3 中文版基础培训教程（附光盘）	28.00
	58	19381	Flash CS3 中文版基础培训教程（附光盘）	25.00
	59	19383	AutoCAD 2008 中文版机械制图基础培训教程（附光盘）	28.00
	60	19387	计算机基础培训教程（Windows Vista+Office 2007）	25.00
	61	19417	3ds Max 9 中文版基础培训教程（附光盘）	28.00
	62	19503	Dreamweaver CS3 中文版基础培训教程	22.00
	63	21256	AutoCAD 2009 中文版建筑制图基础培训教程（附光盘）	28.00
	64	21266	计算机组装与维护基础培训教程（附光盘）	28.00
	65	21295	AutoCAD 2009 中文版机械制图基础培训教程（附光盘）	28.00
习题精解	66	13638	AutoCAD 2006 中文版建筑制图习题精解（附 2 张光盘）	28.00
	67	13700	AutoCAD 2006 中文版习题精解（附 2 张光盘）	28.00
	68	14304	Pro/ENGINEER Wildfire 中文版习题精解（附 3 张光盘）	38.00
	69	16339	AutoCAD 2006 中文版机械制图习题精解（附光盘）	28.00
	70	16691	AutoCAD 2007 中文版习题精解（附光盘）	29.00
	71	16692	Pro/ENGINEER Wildfire 3.0 中文版习题精解（附光盘）	29.00
	72	16693	AutoCAD 2007 中文版建筑制图习题精解（附光盘）	29.00
	73	16697	UG NX 4 中文版习题精解（附光盘）	29.00
	74	16698	AutoCAD 2007 中文版机械制图习题精解（附光盘）	28.00
	75	16729	UG NX 4 中文版数控加工习题精解（附光盘）	28.00
	76	18009	AutoCAD 2008 中文版建筑制图习题精解（附光盘）	28.00
	77	18012	AutoCAD 2008 中文版习题精解（附光盘）	28.00
	78	18013	AutoCAD 2008 中文版机械制图习题精解（附光盘）	28.00
机械设计院·机械工程师	79	18038	AutoCAD 2008 中文版机械设计（附光盘）	42.00
	80	18115	CAXA 2007 中文版机械设计（附光盘）	45.00
	81	18161	UG NX 5 中文版模具设计（附光盘）	45.00
	82	18479	UG NX 5 中文版数控加工（附光盘）	45.00
	83	18482	UG NX 5 中文版机械设计（附光盘）	39.00
	84	18542	SolidWorks 中文版机械设计（附光盘）	45.00
	85	19105	Pro/ENGNEER Wildfire 中文版机械设计（附光盘）	45.00
	86	19106	Pro/ENGNEER Wildfire 中文版模具设计（附光盘）	45.00
	87	19190	Cimatron E 8 中文版数控加工（附光盘）	45.00
	88	19646	Mastercam X2 数控加工（附光盘）	45.00

	89	11669	Photoshop 中文版图像处理实战训练（附光盘）	38.00
	90	11670	CorelDRAW 平面设计实战训练（附光盘）	38.00
	91	11671	3ds max 建筑效果图制作实战训练（附光盘）	38.00
	92	11672	3ds max 三维动画制作实战训练（附光盘）	38.00
	93	11673	AutoCAD 中文版机械制图实战训练（附光盘）	34.00
	94	11674	AutoCAD 中文版建筑制图实战训练（附光盘）	34.00
	95	11675	Authorware 多媒体制作实战训练（附光盘）	34.00
	96	11676	Visual Basic 中文版快捷编程实战训练（附光盘）	34.00
	97	11677	Visual FoxPro 中文版数据库编程实战训练（附光盘）	34.00
	98	12617	Java 程序设计实战训练（附光盘）	38.00
	99	12632	Flash 中文版动画制作实战训练（附 2 张光盘）	38.00
	100	12637	Dreamweaver 中文版网站建设实战训练（附光盘）	34.00
举一反三实战	101	12638	Illustrator 平面设计实战训（附 2 张光盘）	38.00
训练系列	102	12639	Protel 电路板设计与制作实战训练（附光盘）	38.00
	103	12640	UG 中文版机械设计实战训练（附光盘）	42.00
	104	12641	Pro/ENGINEER 中文版机械设计实战训练（附 2 张光盘）	46.00
	105	12642	Mastercam 数控加工实战训练（附光盘）	38.00
	106	12643	Visual C++程序设计实战训练（附光盘）	38.00
	107	12644	Delphi 程序设计实战训练（附光盘）	38.00
	108	12645	SQL Server 中文版数据库编程实战训练（附光盘）	38.00
	109	16513	CorelDRAW X3 中文版平面设计实战训练（附光盘）	45.00
	110	16532	AutoCAD 2007 中文版建筑制图实战训练（附光盘）	36.00
	111	16537	AutoCAD 2007 中文版机械制图实战训练（附光盘）	36.00
	112	16538	Photoshop CS2 中文版图像处理实战训练（附光盘）	42.00
	113	16550	UG NX 4 中文版机械设计实战训练（附光盘）	45.00
	114	17439	Mastercam X 数控加工实战训练（附光盘）	38.00
	115	13998	CorelDRAW 12 中文版艺术经典实例制作（附光盘）	68.00
	116	17270	Photoshop CS2 中文版图像处理案例实训（附光盘）	39.00
	117	17285	CorelDRAW X3 中文版平面设计案例实训（附光盘）	39.00
	118	18021	Photoshop CS3 中文版图像处理技术精萃（附光盘）	79.80
神奇的美画师	119	18057	CorelDRAW X3 中文版平面设计技术精萃（附光盘）	69.00
	120	21596	Photoshop 图像色彩调整与合成技巧（附光盘）	68.00
	121	21597	Photoshop、CorelDRAW & Illustrator 包装设计与表现技巧（附光盘）	68.00
	122	21646	Photoshop 质感与特效表现技巧（附光盘）	68.00
	123	21648	Photoshop & Illustrator 地产广告设计与表现技巧（附光盘）	68.00
	124	17280	CorelDRAW X3 中文版应用实例详解（附光盘）	45.00
	125	20439	三菱系列 PLC 原理及应用	32.00
	126	20458	Photoshop & Illustrator 产品设计创意表达（附光盘）	49.00
其他	127	20463	Rhino & VRay 产品设计创意表达（附光盘）	49.00
	128	20502	欧姆龙系列 PLC 原理及应用	28.00
	129	20505	AliasStudio 产品设计创意表达（附光盘）	49.00
	130	20511	西门子系列 PLC 原理及应用	29.00

购书办法：请将书款及邮寄费（书款的 15%）从邮局汇至北京崇文区夕照寺街 14 号人民邮电出版社发行部收。邮编：100061。注意在汇款单附言栏内注明书名及书号。联系电话：67129213。